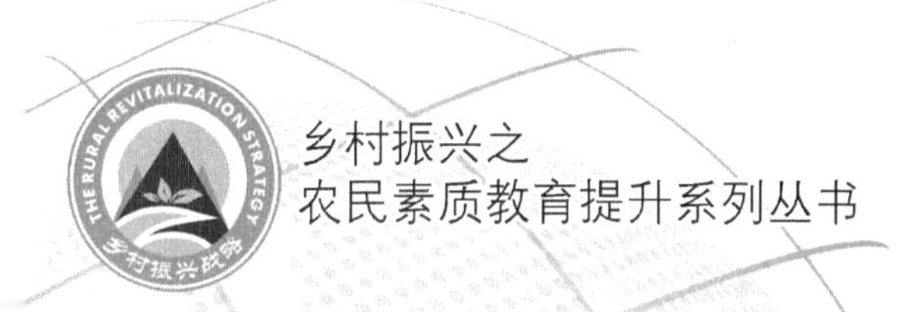

乡村振兴之
农民素质教育提升系列丛书

农村土地政策与管理

◎ 任长军　王敬丽　李福军　主编

中国农业科学技术出版社

图书在版编目（CIP）数据

农村土地政策与管理 / 任长军，王敬丽，李福军主编. —北京：中国农业科学技术出版社，2020.7 （2024.7 重印）

（乡村振兴之农民素质教育提升系列丛书）

ISBN 978-7-5116-4850-1

Ⅰ.①农… Ⅱ.①任…②王…③李… Ⅲ.①农村-土地政策-研究-中国②农村-土地管理-研究-中国 Ⅳ.①F321.1

中国版本图书馆 CIP 数据核字（2020）第 117483 号

责任编辑 张志花
责任校对 马广洋

出 版 者 中国农业科学技术出版社
北京市中关村南大街 12 号 邮编：100081
电　　话 (010)82106636(编辑室) (010)82109702(发行部)
(010)82109709(读者服务部)
传　　真 (010)82106631
网　　址 http://www.castp.cn
经 销 者 各地新华书店
印 刷 者 北京中科印刷有限公司
开　　本 850 mm×1 168 mm 1/32
印　　张 5.875
字　　数 150 千字
版　　次 2020 年 7 月第 1 版 2024 年 7 月第 5 次印刷
定　　价 30.00 元

《农村土地政策与管理》

编　委　会

主　编：任长军　王敬丽　李福军

副主编：年亚萍　吴艳茹　雷素琼　刘桂平
　　　　张　红　陈喜坤

编　委：唐　娟　李　琴　赵光毅　郭　华
　　　　芦彦琴

前　言

自实行家庭承包经营以来，党中央、国务院一直坚持稳定农村土地承包关系的方针政策，先后两次延长承包期限，不断健全相关制度体系，依法维护农民承包土地的各项权利。新时期紧扣处理好农民和土地关系这一主线，坚持农户家庭承包经营，坚持承包关系长久稳定，赋予农民更加充分而有保障的土地权利，巩固和完善农村基本经营制度，这有着更加深远的意义。本书编写目的是宣传农村土地政策，引导家庭农场、农民合作社、农业企业等新型农业经营主体和社会服务主体，在农村生产经营活动中，在农村创业、创新行动中遵守农村土地政策与法规。发生土地承包经营权、使用权纠纷时正确运用农村土地政策与法规保护自己的合法权益，保护承载世代农民子孙后代希望的耕地不受非法侵害，使我们的农村土地能够可持续发展。本教材采用专题形式编写，通过大量事实及生动的案例，重点阐述了农村土地政策与法规的基本概念、农村土地产权制度与政策、农村土地规划及征用与补偿、农业用地政策与管理、农村宅基地政策与使用管理、农村建设用地政策与管理、农村土地承包与流转7个现代农民关心的问题。

本书具有普遍的指导性，既可作为高素质农民培育使用，也可作为农民职业教育培训、中高职相关专业教材。由于编写时间紧、任务重，难免出现疏漏，不当之处望广大读者批评指正。

编　者

2020年5月

目　录

专题一　农村土地政策法规概述

土地制度是国家的基础性制度，征地政策和宅基地政策改革，直接关系着9亿农民的切身利益，决定了农民拿到手里的钱有多少，也直接关系着投资农业的人付出的成本有多少。现行的土地政策和法规主要有：《中华人民共和国土地管理法》（以下简称《土地管理法》）；《中华人民共和国农村土地承包法》（以下简称《农村土地承包法》）；《关于农村土地征收、集体经营性建设用地入市、宅基地制度改革试点工作的意见》《关于有序开展村土地利用规划编制工作的指导意见》《关于引导农村土地经营权有序流转 发展农业适度规模经营的意见》等。这些法规和政策主要有以下内容。

一、《中华人民共和国土地管理法》

共八章八十六条。主要界定土地权属、土地利用规划、耕地保护、建设用地、监督检查、法律责任等主要内容。

二、《中华人民共和国农村土地承包法》

该法是为了巩固和完善以家庭承包经营为基础、统分结合的双层经营体制，保持农村土地承包关系稳定并长久不变，维护农村土地承包经营当事人的合法权益，促进农业、农村经济发展和农村社会和谐稳定，是根据《中华人民共和国宪法》（以下简称《宪法》）而制定的。共五章六十七条。主要内容包括农村土地承包的形式、承包的原则、期限，承包双方的权利义务；土地经营权获取与流转；

争议解决与法律责任等内容。

三、《关于农村土地征收、集体经营性建设用地入市、宅基地制度改革试点工作的意见》

试点的指导思想是认真贯彻落实党的十八大和十八届三中、四中全会精神，立足我国基本国情和发展阶段，坚持问题导向和底线思维，使市场在资源配置中起决定性作用和更好发挥政府作用，兼顾效率与公平，围绕健全城乡发展一体化体制机制目标，以建立城乡统一的建设用地市场为方向，以夯实农村集体土地权能为基础，以建立兼顾国家、集体、个人的土地增值收益分配机制为关键，以维护农民土地权益、保障农民公平分享土地增值收益为目的，发挥法律引领和推动作用，着力政策和制度创新，为改革完善农村土地制度，推进中国特色农业现代化和新型城镇化提供实践经验。

改革试点的基本原则：一是把握正确方向，紧扣十八届三中全会提出的农村土地制度改革任务；二是坚守改革底线，坚持试点先行，确保土地公有制性质不改变、耕地红线不突破、农民利益不受损；三是维护农民权益，始终把维护好、实现好、发展好农民土地权益作为改革的出发点和落脚点；四是坚持循序渐进，既要有条件、按程序、分步骤审慎稳妥推进，又要鼓励试点地区结合实际，大胆探索；五是注重改革协调，形成改革合力。

试点工作的主要任务是建立集体经营性建设用地入市制度。

一是完善土地征收制度。针对征地范围过大、程序不够规范、被征地农民保障机制不完善等问题，要缩小土地征收范围，探索制定土地征收目录，严格界定公共利益用地范围；规范土地征收程序，建立社会稳定风险评估制度，健全矛盾纠纷调处机制，全面公开土地征收信息；完善对被征地农民合理、规范、多元保障机制。

二是建立农村集体经营性建设用地入市制度。针对农村集体经营性建设用地权能不完整，不能同等入市、同权同价和交易规则亟待健全等问题，要完善农村集体经营性建设用地产权制度，赋予农村集体经营性建设用地出让、租赁、入股权能；明确农村集体经营性建设用地入市范围和途径；建立健全市场交易规则和服务监管制度。

三是改革完善农村宅基地制度。针对农户宅基地取得困难、利用粗放、退出不畅等问题，要完善宅基地权益保障和取得方式，探索农民住房保障在不同区域户有所居的多种实现形式；对因历史原因形成超标准占用宅基地和一户多宅等情况，探索实行有偿使用；探索进城落户农民在本集体经济组织内部自愿有偿退出或转让宅基地；改革宅基地审批制度，发挥村民自治组织的民主管理作用。

四是建立兼顾国家、集体、个人的土地增值收益分配机制，合理提高个人收益。针对土地增值收益分配机制不健全，兼顾国家、集体、个人之间利益不够等问题，要建立健全土地增值收益在国家与集体之间、集体经济组织内部的分配办法和相关制度安排。

四、《关于有序开展村土地利用规划编制工作的指导意见》

当前，我国农村土地利用和管理面临建设布局散乱、用地粗放低效、公共设施缺乏、乡村风貌退化等问题，与此同时正在开展的农村土地征收、集体经营性建设用地入市、宅基地制度改革试点，推进农村一、二、三产业融合发展、新农村建设等，都迫切需要编制村土地利用规划。但由于农村情况复杂多样，发展不平衡，资源分布不均，需求缓急不同，兼顾上位规划、基层组织建设、村民意愿、规划编制经费保障等因素，意见明确不搞强制全面推进。而开展农村土地制度改革试点、社会主义新农村建设、新型农村社区建设、土地整治和特色景观旅游名镇名村保护的地方，都应编制村土地利用规划。

意见强调，要坚持村民主体地位，切实保障村民知情权、参与权、表达权和监督权，让村民真正参与到规划编制的各个环节，使村土地利用规划成为实现村民意愿的载体和平台。村土地利用规划一经公告，应当作为土地利用的村规民约应严格执行。村庄建设、基础设施建设和各项土地利用活动，必须按照村土地利用规划确定的用途使用土地，不得随意突破或修改。

五、《关于引导农村土地经营权有序流转 发展农业适度规模经营的意见》

指导思想：全面理解、准确把握中央关于全面深化农村改革的精神，按照加快构建以农户家庭经营为基础、合作与联合为纽带、社会化服务为支撑的立体式复合型现代农业经营体系和走生产技术先进、经营规模适度、市场竞争力强、生态环境可持续的中国特色新型农业现代化道路的要求，以保障国家粮食安全、促进农业增效和农民增收为目标，坚持农村土地集体所有，实现所有权、承包权、经营权三权分置，引导土地经营权有序流转，坚持家庭经营的基础性地位，积极培育新型经营主体，发展多种形式的适度规模经营，巩固和完善农村基本经营制度。改革的方向要明，步子要稳，既要加大政策扶持力度，加强典型示范引导，鼓励创新农业经营体制机制，又要因地制宜、循序渐进，不能搞大跃进，不能搞强迫命令，不能搞行政瞎指挥，使农业适度规模经营发展与城镇化进程和农村劳动力转移规模相适应，与农业科技进步和生产手段改进程度相适应，与农业社会化服务水平提高相适应，让农民成为土地流转和规模经营的积极参与者及真正受益者，避免走弯路。

基本原则：

坚持农村土地集体所有权，稳定农户承包权，放活土地经营权，以家庭承包经营为基础，推进家庭经营、集体经营、合作经营、企业经营等多种经营方式共同发展。

坚持以改革为动力，充分发挥农民首创精神，鼓励创新，支持基层先行先试，靠改革破解发展难题。

坚持依法、自愿、有偿，以农民为主体，政府扶持引导，市场配置资源，土地经营权流转不得违背承包农户意愿、不得损害农民权益、不得改变土地用途、不得破坏农业综合生产能力和农业生态环境。

坚持经营规模适度，既要注重提升土地经营规模，又要防止土地过度集中，兼顾效率与公平，不断提高劳动生产率、土地产出率和资源利用率，确保农地农用，重点支持发展粮食规模化生产。

主要内容：稳定完善农村土地承包关系、规范引导农村土地经营权有序流转、加快培育新型农业经营主体和建立健全农业社会化服务体系。

六、2019 年中央一号文件与农村土地政策

深化农村土地制度改革。保持农村土地承包关系稳定并长久不变，研究出台配套政策，指导各地明确第二轮土地承包到期后延包的具体办法，确保政策衔接平稳过渡。完善落实集体所有权、稳定农户承包权、放活土地经营权的法律法规和政策体系。坚持农村土地集体所有、不搞私有化，坚持农地农用、防止非农化，坚持保障农民土地权益、不得以退出承包地和宅基地作为农民进城落户条件，进一步深化农村土地制度改革。在修改相关法律的基础上，完善配套制度，全面推开农村土地征收制度改革和农村集体经营性建设用地入市改革，加快建立城乡统一的建设用

地市场。加快推进宅基地使用权确权登记颁证工作，力争 2020 年基本完成。稳慎推进农村宅基地制度改革，拓展改革试点，丰富试点内容，完善制度设计。抓紧制定加强农村宅基地管理指导意见。研究起草农村宅基地使用条例。开展闲置宅基地复垦试点。允许在县域内开展全域乡村闲置校舍、厂房、废弃地等整治，盘活建设用地重点用于支持乡村新产业新业态和返乡下乡创业。严格农业设施用地管理，满足合理需求。巩固"大棚房"问题整治成果。按照"取之于农，主要用之于农"的要求，调整完善土地出让收入使用范围，提高农业农村投入比例，重点用于农村人居环境整治、村庄基础设施建设和高标准农田建设。扎实开展新增耕地指标和城乡建设用地增减挂钩节余指标跨省域调剂使用，调剂收益全部用于巩固脱贫攻坚成果和支持乡村振兴。加快修订《土地管理法》《中华人民共和国物权法》（以下简称《物权法》）等法律法规。

专题二　农村土地产权制度与政策

一、农村土地所有权

（一）土地所有权的概念

1. 土地所有权的含义

土地所有权是土地产权中最重要的财产权。在《经济大词典·农业经济卷》把土地所有权简称为“地权”。土地所有者在法律规定的范围内自由使用和处理其土地的权利，受国家法律的保护。这包含了3个含义：其一，土地所有者可以自由使用和处理其所有的土地并有权获得收益；其二，受法律的保护；其三，权力需要在法律限制的范围内行使，受到法律的限制。

2. 土地所有权的基本属性

土地所有权的基本属性可概括为5个方面。

（1）土地所有权的充分性。土地所有权是权利束中最充分的项物权，它由土地占有权、使用权、收益权及处分权等权能组成。它是其他物权的源泉和出发点。土地使用权、抵押权、地役权等物权都是土地所有权的派生权利，是就使用收益的特定方向、在特定的范围内对土地实行支配的权利。

（2）土地所有权的排他性。土地所有权具有排斥其他人对土地的权利。因此，土地所有者对自己的土地具有垄断性。当有非自然的因素妨碍土地所有者行使自己的所有权利时，他无需向别人请求，也不必由法院出面，他自己就有排除这些妨碍的权利。

（3）土地所有权的恒久性。土地所有权的存在没有一定的存续期限，它是无限期地由土地所有者保有的，因此土地所有者即使将土地闲置不用，其土地所有权也不因此而消灭。只有发生社会变革，对土地所有制进行改革时，才有可能终止。而土地所有权的买卖，只不过是权利主体的更替而已。

（4）土地所有权的归一性。土地所有者可以在自己的土地上为别人设定使用权、地役权、抵押权、租赁权等其他权利。虽然土地所有权似乎成为一项空虚的权利，但是，土地所有者仍拥有最终的统一支配权。一旦这些设定的派生权利到期消灭，它们便又复归于土地所有权，从而使土地所有权回复到原来的完全状态。

（5）土地所有权的社会性。土地所有权虽然是一种完全的排他性权利，但是，土地所有者在行使自己的权利时从来就不是不受约束的，其必须受到社会的限制。这在任何社会都是如此，且随着生产力的发展，社会限制也日趋强化，如我国目前限制耕地任意用于非农产业。这种限制的原因主要在于土地的稀缺，尤其是耕地的稀缺。土地是人类社会生活的基础，国家必须对土地利用作出宏观规划与管理，对土地所有者的权利适当加以限制。

（二）农村土地所有权的归属

根据《宪法》和《土地管理法》的规定，我国现行土地所有制为社会主义土地公有制，分为社会主义全民所有制和社会主义劳动群众集体所有制两种形式。

《宪法》第十条规定："城市的土地属于国家所有。农村和城市郊区的土地，除由法律规定属于国家所有的以外，属于集体所有；宅基地和自留地、自留山，也属于集体所有。"第九条规定："矿藏、水流、森林、山岭、草原、荒地、滩涂等自然资源，都属于国家所有，即全民所有；由法律规定属于集体所有的森林和山岭、草原、荒地、滩涂除外。"《土地管理法》第二条规定：

“中华人民共和国实行土地的社会主义公有制，即全民所有制和劳动群众集体所有制。”第八条规定：“农村和城市郊区的土地，除由法律规定属于国家所有的以外，属于集体所有；宅基地和自留地、自留山，属于农民集体所有。”

《宪法》和《土地管理法》规定，集体所有的土地属于村农业生产合作社等农业集体经济组织成员、农民集体所有，由村农业生产合作社等农业集体经济组织或者村民委员会经营、管理。已经属于乡（镇）农民集体经济组织所有的，可以属于乡（镇）农民集体所有。村农民集体所有的土地已经分别属于村内两个以上农业集体经济组织所有的，可以属于各农业集体经济组织的农民集体所有。但是《中华人民共和国民法通则》第七十四条规定“集体所有的土地依照法律属于村农民集体所有，由村农业生产合作社等农业集体经济组织或者村民委员会经营、管理。已经属于乡（镇）农民集体经济组织所有的，可以属于乡（镇）农民集体所有。”可见《中华人民共和国民法通则》（以下简称《民法通则》）不承认村民小组的集体所有权。

据有关资料，在我国现有耕地面积中，属于国家所有的占5.6%，属于集体所有的占94.49%；在现有森林面积中，70%以上属于国家所有，20%属于集体所有。

（三）农村土地所有权的特点

一是土地所有权人（土地所有者）及其代表由法律明确规定。我国实行土地公有制，两类土地所有权主体及其代表均为法定的特殊主体，即国家和农村集体经济组织。

二是土地所有权的取得、变更与丧失依法律规定，不得约定。集体土地所有权的取得需经县级人民政府登记造册，核发证书，确认所有权；集体土地所有权可因国家征收、征用而丧失。

三是土地所有权禁止交易。我国宪法和土地管理法均规定禁止买卖土地。我国实行土地公有制，非公有土地所有权主体不能通过市场交易取得土地所有权，公有土地所有权主体之间也不能通过任何方式进行土地所有权交易。我国房地产市场进行的土地交易仅为土地使用权交易。

四是权能的分离性。土地所有权包括对土地的占有、使用、收益、处分的权利，是一种最全面、最充分的物权。在土地所有权高度稳定的情况下，为实现土地资源的有效利用，法律需要将土地使用权从土地所有权中分离出来，使之成为一种相对独立的物权形态并且能够交易。因此，现代物权法观念已由近代物权法的以“所有为中心”转化为以“利用为中心”。

（四）农村土地所有权流转

《宪法》总纲第十条规定：“国家为了公共利益的需要，可以依照法律规定对土地实行征收或者征用并给予补偿。”《土地管理法》总则第二条也规定：“国家为了公共利益的需要，可以依法对土地实行征收或者征用并给予补偿。”第四十三条规定：“任何单位和个人进行建设，需要使用土地的，必须依法申请使用国有土地；但是，兴办乡镇企业和村民建设住宅经依法批准使用本集体经济组织农民集体所有的土地的，或者乡（镇）村公共设施和公益事业建设经依法批准使用农民集体所有的土地的除外。”

从法律层面来说，农民集体拥有土地的所有权，但是这个所有权却是没有保障的所有权。虽然宪法从法律上规定了农村土地归农民集体所有，但是国家有权强制转移这种所有权。这种所有权的转移是单向的，补偿标准由国家规定。所以农民集体所拥有的这种土地所有权不具有“排斥其他人，只服从自己一个人的意志”这种所有权所必需的特征。

（五）农村土地所有权的确定

《土地管理法》第十一条规定：“农民集体所有的土地，由县级人民政府登记造册，核发证书，确认所有权。农民集体所有

的土地依法用于非农业建设的，由县级人民政府登记造册，核发证书，确认建设用地使用权。”确认林地、草原的所有权或者使用权，确认水面、滩涂的养殖使用权，分别依照《中华人民共和国森林法》（以下简称《森林法》）《中华人民共和国草原法》（以下简称《草原法》）和《中华人民共和国渔业法》的有关规定办理”。《森林法》第三条规定：“国家所有的和集体所有的森林、林木和林地，个人所有的林木和使用的林地，由县级以上地方人民政府登记造册，发放证书，确认所有权或者使用权。国务院可以授权国务院林业主管部门，对国务院确定的国家所有的重点林区的森林、林木和林地登记造册，发放证书，并通知有关地方人民政府。”《草原法》第十一条规定：“依法确定给全民所有制单位、集体经济组织等使用的国家所有的草原，由县级以上人民政府登记，核发使用权证，确认草原使用权。未确定使用权的国家所有的草原，由县级以上人民政府登记造册，并负责保护管理。集体所有的草原，由县级人民政府登记，核发所有权证，确认草原所有权。”

此外，在确定产权时往往会遇到些历史问题，在这种情况下，往往需要借助1995年5月11日原国家土地管理局颁布实施的《确定土地所有权和使用权的若干规定》来确定。

二、农村土地承包权

我国现行农村实行土地承包经营制度，这种制度是在坚持农村土地集体所有的前提下，把土地长期承包给农户家庭经营，农业生产基本上变为分户经营、自负盈亏，集体只是统一管理、使用大型农机工具和水利设施。这种经营体制实行集体与农户双层经营体制，在分工上实行有统有分，统分结合，宜统则统，宜分则分，目的是既要发挥集体经济的优越性，又要充分发挥农民家庭经营的积极性。在分配方式上，农民生产的成果是“保证国家的，留足集体的，剩下的都是自己的”。

（一）我国农村土地承包经营制度和家庭承包经营方式

1. 农村土地承包经营制度

国家实行农村土地承包经营制度。农村家庭承包经营制度是在农村集体土地所有权保持不变的前提下，由村委会或者农村集体经济组织与农民或者农户签订农村土地承包合同，农民依法取得农村土地承包经营权，自主经营。这种在农村土地集体所有制不变基础上的变革，对社会振荡小。到 1983 年底，全国 99%以上的生产队实行家庭联产承包责任制。1993 年，国家决定在农户原有的承包期到期后可再延长 30 年，在承包期内，农户对土地的经营权、使用权可以在不改变使用方向的前提下实行自愿、有偿转让。2017 年 10 月 18 日，党的十九大报告中指出，巩固和完善农村基本经营制度，深化农村土地制度改革，完善承包地“三权”分置制度。保持土地承包关系稳定并长久不变，第二轮土地承包到期后再延长 30 年。农村土地承包经营制度，赋予了农民自主经营权，极大地调动了他们的生产积极性，解放了农村劳动生产力，促进了农业、农村经济和国民经济的发展，是一项建设有中国特色社会主义农业的经营制度，必须长期坚持。

2. 家庭承包经营方式

农村土地承包采取两种承包方式，即农村集体经济组织内部的家庭承包经营方式和以招标、拍卖、公开协商等方式的承包。

家庭承包经营是 20 世纪 70 年代末 80 年代初在中国广大农村地区推行的一项重要的改革措施，是现行中国农村的一项基本经济制度。实施家庭承包经营，是我国农村经济发展的重要转变，是十一届三中全会以来推行改革的标志。家庭承包经营，俗称“大包干”，也即为“包产到户（分到户）”。家庭承包经营是中国农民在实践中创立的，是我国农村经济的基本制度。

家庭承包经营方式，是指以农村集体经济组织的每一个农户

家庭全体成员为个人生产经营单位，作为承包人承包农民集体的耕地、林地、草地等农业用地。本集体经济组织成员平等地享有承包本集体经济组织所有的土地或者国家所有由本农村集体经济组织使用的土地。

家庭承包经营中集体经济组织的每个人均享有承包本农村集体的农村土地的权利，“按户承包，按人分地”。不论男女老少，没有年龄、性别限制。特别强调要保护土地承包中妇女的合法权益，妇女与男子享有平等的权利。任何组织和个人都无权剥夺她们的承包权。任何组织和个人不得剥夺、侵害妇女应当享有的土地承包经营权。除非农民本人放弃这个承包权利。以户为生产经营单位承包方与本集体经济组织或者村委会订立一个承包合同，享有合同中约定的权利，承担合同中约定的义务。承包户家庭中的某个成员死亡，只要这个承包户还有其他人在，承包关系不变，该土地由这个承包户中的其他成员继续承包。用于家庭承包的农村土地不限于耕地、林地、草地，凡是本集体经济组织的成员每人都有份的农村土地，如自留地等，都应当实行家庭承包的方式。

（二）家庭承包经营中的土地所有权

1. 家庭承包经营中的土地所有权的归属

集体所有权与家庭承包经营权相分离。所有权仍归集体所有，经营权则由集体经济组织按户均分包给农户自主经营，集体经济组织负责承包合同履行的监督，公共设施的统一安排、使用和调度，土地调整和分配，从而形成了一套有统有分、统分结合的双层经营体制。家庭联产承包责任制的推行，纠正了长期存在的管理高度集中和经营方式过分单调的弊端，使农民在集体经济中由单纯的劳动者变成既是生产者又是经营者，从而大大调动农民的生产积极性，较好地发挥劳动和土地的潜力。

2. 集体所有权与家庭承包经营权相分离的意义

使农民紧紧地与土地直接结合在一起

在土地家庭承包制以前的生产队制度下，农村土地制度集中表现为“三级所有，队为基础”。在这种土地制度下，农村土地的所有权与生产经营权都属于集体，在土地上种植什么、何时种植、规模如何等都是由上级决定的，甚至于农民的每日生产活动都是由代表生产队的队长决定的。因而，在这种土地制度下，农民个人、家庭没有任何的生产经营自主权。而在土地的家庭承包制中，土地的所有权属于集体，生产经营权属于农民家庭。正是由于拥有了生产经营的自主权，农民们的主人翁感、责任感、自主感都得到了一定程度上的体现，极大地调动了广大农民生产经营的积极性，产生了生产队制无可比拟的农业经营效率。在家庭承包制中，农民的日常生产活动具有极大的灵活性，因为农民家庭把土地抛荒，何时播种、何时施肥、何时杀虫以及在土地上种什么农作物都由农民自己决定。这样农民就可以根据自己的实际情况和生产经营能力做出合适的选择。并且在劳动时，再也不会出现以前偷懒的现象，用农民自己的话说，就是家庭承包制下一天抵过去 10 天。

促进了农业生产经营特点与家庭经营优势相结合

由于农业生产既是社会经济的再生产，又是农作物的自然再生产，这就决定了农业具有生产周期长、季节性强、生产过程中的不确定性因素多、产出量受自然因素影响大等特点，同时，土地的不动产性又决定了农业生产不能像工业生产那样集中到固定的场所进行，只能分散在广阔的空间进行。这些特点决定了对农业生产的各个环节进行有效的监督极其困难，监督成本非常大。我国著名经济学家林毅夫也认为“一个劳动者在家庭责任制下激励最高，这不仅是因为他获得了努力的边际报酬率的全部份额，而且还因为他节约了监督费用。”同时，家庭成员之间特殊的关

系，使得农业生产过程的监督成本极低，甚至为零。一方面，家庭成员之间利益的高度一致性，使得辛勤劳作的一方甘愿为对方服务，不会去计较生产过程中的得失；另一方面，即使出现偷懒的现象，由于家庭成员的有限性，偷懒者也会承担相当的后果，这一不利的结果促使家庭成员在农业生产中会进行自我监督。因而，我国实行土地家庭承包经营后，家庭经营的巨大功效被释放出来，从而极大地促进了农村经济的发展。

（三）农村土地承包的原则

农村土地承包应当坚持公开、公平、公正的原则，正确处理国家、集体、个人三方面的利益关系。

1. 公开原则

农村土地家庭承包的公开原则主要体现如下。

农村土地承包的信息要公开。在进行土地承包时，发包方应当及时公开土地承包方的有关信息，让本集体经济组织成员或者其他承包方了解土地承包的基本情况。公开有关土地承包的信息，包括有关土地承包的法律、法规和国家政策；拟发包土地的名称、坐落、面积、质量等级等。

农村土地承包的程序要公开。农村土地承包应当遵循的程序有：由本集体经济组织成员的村民会议选举产生承包工作小组；由承包工作小组依照法律、法规的规定拟订承包方案；承包方案向本集体经济组织全体成员公布；依法召开村民会议，集体讨论通过承包方案；公开经讨论通过的承包方案；按照讨论通过的承包方案进行土地承包活动。

承包方案和承包结果要公开。承包方案经过村民会议讨论通过后，应当及时公布。同时按照承包方案，公开组织实施，确定每户及每个集体经济组织成员承包土地的具体情况。发包方和承包方应当签订书面承包合同，确定双方的权利和义务。承包方自承包合同生效时取得土地承包经营权。县级以上人民政府应当向承包方颁发土地承包经营证或者林权证，并登记造册，确认土地承包经营权。

2. 公平原则

农村土地家庭承包的公平原则是指本集体经济组织成员依法平等地享有、行使承包土地权力。在确定承包方案时，应当民主协商，公平合理地确定发包方、承包方各自的权利义务。特别是发包方不得滥用权力，承包合同中不得对承包方的权利进行不合理的限制，甚至干涉承包方的生产经营自主权，或者通过承包方合同对承包方增加不合理的负担。

3. 公正原则

农村土地家庭承包的公正原则是指在承包过程中，承包各方要严格按照法定的条件和程序办事，发包方要平等对待每一位承包方，不得暗箱操作。承包方应当以正当的手段和方式参加承包活动，不得通过行贿手段或者利用私人关系，来获得有利的承包条件。

（四）国家对农村土地承包关系的保护

1. 国家依法保护农村土地承包关系的长期稳定

稳定农村土地承包经营，核心是稳定土地承包关系，国家法律明确规定了一个较长的、合理的承包期限。农村土地承包关系的当事人包括作为发包方的集体经济组织或村民委员会与作为承包方的本集体经济组织成员的农民。土地承包关系的长期稳定，涉及切实保护土地承包当事人双方的合法权益，特别是对处于弱势地位的承包方合法权益的保护。

2. 农村土地承包后，土地的所有权性质不变

我国农村实行的是以家庭承包为基础、统分结合的双层经营体制，土地等生产资料的所有权仍归农村集体经济组织所有，农户通过承包取得的是对集体土地的使用权。这种从集体土地所有权中分离出来的土地使用权，使承包户对所承包的土地有了经营

自主权，农民真正成为自主经营、自负盈亏的市场经济主体；有了依照法律规定进行土地经营权合理流转的权利，包括转包、出租、互换、转让或者以其他方式流转的权利；有了对承包土地的收益权，除了依法缴纳的税费外，收益完全由自己支配。承包户的处分权受到限制，转让其土地承包经营权，是在不得改变土地所有权性质的前提下进行的。农民对土地承包不是私有化，农民对所承包的土地不具有完全的土地所有权，农民对其所承包的土地不得进行买卖，只能依照法律的规定对其土地承包经营权进行流转。

3. 保护土地资源

农村土地承包应当遵守相关法律、法规，保护土地资源的合理开发和可持续利用。土地是人类赖以生存的基础，是人类可利用的一切自然资源中最基本、最宝贵的资源。土地是人类最基本的生产资料，为人类提供食物和其他生活资料。在我国，人口多，土地少，特别是耕地少是我国的基本国情。在粮食生产技术水平没有重大突破的情况下，人增地减的趋势已经成为我国经济社会发展中面临的长期问题和严峻挑战。合理开发土地，保护土地资源是促进社会经济可持续发展的要求。强化土地管理，走土地资源可持续利用的道路是中国也是世界各国的共同选择。

我国法律规定未经依法批准不得将承包地用于非农建设。国家鼓励农民和农村集体经济组织增加对土地的投入，培肥地力，提高农业生产能力。

（1）作为集体土地所有人的发包方，应当改善农业生产条件和生态环境，监督承包方依照承包合同约定的用途合理利用和保护土地；发包方有权制止承包方给承包地造成永久损害，并有权要求承包方赔偿由此造成的损失。切实履行承包合同，保证承包方对土地的投入，培肥地力，提高农业生产能力的积极性。

（2）作为承包方应当做到，一是按照承包合同中确定的土地用途使用土地。二是增加土地的投入，禁止掠夺性开发。发挥土地最大效益，提高农作物的产量，增加自身的收入；提高土地质量，保证农业生产的可持续发展。三是合理利用土地，不得给土地造成永久性损害。不滥施化肥污染土壤，不擅自改变农用地的用途，对耕地造成难以恢复的损害。承包方给土地造成永久性损害的，应当承担赔偿损失等法律责任。

4. 国家保护承包方的土地承包经营权

我国历来就重视对承包方的经营自主权的保护。1998 年 10 月 14 日《中共中央关于农业和农村工作若干重大问题的决定》指出，要切实保障农户的土地承包权、生产自主权和经营收益权，使之成为独立的市场主体。1999 年 7 月 29 日国务院办公厅农业部发布的《关于当前调整农业生产结构若干意见的通知》中强调，坚持尊重农民的意愿和生产经营自主权……切实尊重、依法保护农户自主经营、自负盈亏的市场经营主体地位，保护农民的生产积极性，把调整农业生产结构的自主权真正交给农民。各级政府要加强信息引导和示范指导，严禁行政干预、强迫命令和搞“一刀切”。

（1）农村集体经济组织成员有权依法承包由本集体经济组织发包的土地。任何组织和个人不得剥夺和非法限制农村集体经济组织成员承包土地的权利。

（2）承包期内，发包方不得收回承包地。承包期内，承包方全家迁入小城镇落户的，应当按照承包方的意愿，保留其土地承包经营权或者允许其依法进行土地承包经营权流转。在承包方全家迁入市区，转为非农业户口的情况下，应当将承包的耕地和草地交回发包方。承包方不交回的，发包方可以收回承包的耕地和草地。承包期内，承包方交回承包地或者发包方依法收回承包地时，承包方对其在承包地上投入而提高土地生产能力的，发包方应当给予补偿。

（3）承包期内，发包方不得调整承包地。承包期内，因自然灾害严重毁损承包地等特殊情形对个别农户承包的耕地和草地需要适当调整的，必须经本集体经济组织成员的村民会议 2/3 以上成员或者 2/3 以上村民代表的同意，并报乡（镇）人民政府和县级人民政府农业局等行政主管部门批准。承包合同中约定不得调整的，按照其约定。承包合同中违背承包方意愿或者违反法律、行政法规的有关不得收回、调整承包地等强制性规定的约定无效。

（4）承包期内，承包方可以自愿将承包地交回发包方。

（5）承包方应得的承包收益，依照继承法的规定继承。

（6）家庭承包中的承包方可以依法将其取得的土地承包经营权采取转包、出租、互换、转让等方式流转。承包方通过招标、拍卖、公开协商等方式承包农村土地，经依法登记取得土地承包权证或者林权证等证书的，其土地承包经营权可以依法转让、出租、入股、抵押或者其他方式流转。承包方有权依法自主决定土地承包经营权是否流转和流转的形式。任何组织和个人强迫承包方进行土地承包经营权流转的，该流转无效。流转的收益归承包方所有，任何组织和个人不得擅自节流、扣缴。任何组织和个人擅自截留、扣缴土地承包经营权流转收益的，应当退还。

5. 国家保护承包方依法、自愿、有偿地进行土地承包经营权转让

土地承包经营权流转解决了人地矛盾，充分利用了土地，对于稳定土地承包关系、发展农业经济起到了积极的作用。农民在获得承包地使用权之后，依法可以通过转包、出租、互换、转让等方式进行土地承包经营权流转。农村土地承包经营权流转必须在农民自愿的前提下进行，乡村组织和政府部门不能搞强迫命令、行政干预，阻碍或者强制农民流转土地承包经营权。

三、农村土地使用权

（一）农村土地使用权的概念

土地使用权是依法对一定土地加以利用并取得收益的权利，是土地使用权的法律体现形式，土地使用权是与土地所有权有关的财产物权。土地使用权有丰富的法律体现形式。狭义的土地使用权是指依法对地的实际使用，包括在土地所有权之内，与土地占有权、收益权和处分权是并列关系；广义的土地使用权是指独立于土地所有权能之外的含有土地占有权、土地使用权、部分收益权和不完全处分权的集合。目前我国实行的土地使用权的出让和转让制度中的"土地使用权"，就是广义的土地使用权。取得广义的土地使用权者，被称为土地使用权人。由于土地使用权也是种物权，因此土地使用权也可以买卖、继承和抵押。同时，土地使用权人也可以将土地使用权租赁，即设定租赁权。

土地使用权的设定必须依法律而成立，任何人无论以何种方式取得土地使用权都必须得到法律的认可，否则被视为非法占用他人土地。由于土地使用权是以他人土地为客体的权利，因此土地使用权人一般须向土地使用权出让人支付土地使用权出让金。

在我国现行的土地产权制度中，土地使用权的取得分别有有偿和无偿两种形式。通过竞争的方式获得农地的承包经营权的土地一般是有偿的；通过家庭承包方式获得本集体经济组织的农地的使用权通常是无偿的。同时，土地使用权的设定是有期限的，如《土地管理法》规定农村耕地集体组织内部家庭承包经营的承包期是30年，2017年10月18日，党中央又明确指出，第二轮土地承包到期后再延长30年。党的十七届三中全会通过的《中共中央关于推进农村改革发展若干重大问题的决定》又明确了农村土地承包关系长久不变，土地使用权的转让活动在承包期内进行；党的十九大报告中指出，巩固和完善农村基本经营制

度，深化农村土地制度改革，完善承包地“三权”分置制度，保持土地承包关系稳定并长久不变。

（二）农村土地使用权的归属

《土地管理法》第九条规定：“国有土地和农民集体所有的土地，可以依法确定给单位或者个人使用。”该法第十条规定：“农民集体所有的土地依法属于村农民集体所有的，由村集体经济组织或者村民委员会经营、管理。”《土地承包法》总则第一条规定：“为了巩固和完善以家庭承包经营为基础、统分结合的双层经营体制，保持农村土地承包关系稳定并长久不变，维护农村土地承包经营当事人的合法权益，促进农业、农村经济发展和农村社会和谐稳定。”该法第三条规定：“国家实行农村土地承包经营制度。农村土地承包采取农村集体经济组织内部的家庭承包方式，不宜采取家庭承包方式的荒山、荒沟、荒丘、荒滩等农村土地，可以采取招标、拍卖、公开协商等方式承包。”所以，我国现有农村土地使用权主要在农民手里，农民以户为单位，通过与农村集体经济组织或村民委员会签订承包合同来获得本集体经济组织土地的使用权。

同时，我国法律还规定，农村土地的使用必须符合规划，必须科学合理使用，必须遵守用途管制制度，这些规定将在相应章节进行具体介绍。

（三）农村土地使用权的流转

2019 年 1 月 1 日开始实施的《中华人民共和国农村土地承包法（2018 年修正）》(以下简称《农村土地承包法（2018 年修正)》）第十条规定：“国家保护承包方依法、自愿、有偿流转土地经营权，保护土地经营权人的合法权益，任何组织和个人不得侵犯。”第十七条规定“承包方享有下列权利：(一）依法享有承包地使用、收益的权利，有权自主组织生产经营和处置产品；(二）依法互换、转让土地承包经营权；(三）依法流转土地经营权；（四）承包地被依法征收、征用、占用的，有权依法获得相应的补偿；（五）法律、行政法规规定的其他权利。”第十条规定：“国家保护承包方依法、自愿、有偿流转土地经营权，保护土地经营权人的合法权益，任何组织和个人不得侵犯。”第三十六条规定，“承包方可以自主决定依法采取出租（转包）、入股或者其他方式向他人流转土地经营权，并向发包方备案。”第三十九条规定：“土地经营权流转的价款，应当由当事人双方协商确定。流转的收益归承包方所有，任何组织和个人不得擅自截留、扣缴。”第九条规定：“承包方承包土地后，享有土地承包经营权，可以自己经营，也可以保留土地承包权，流转其承包地的土地经营权，由他人经营。”第五十三条规定：“通过招标、拍卖、公开协商等方式承包农村土地，经依法登记取得权属证书的，可以依法采取出租、入股、抵押或者其他方式流转土地经营权。”第四十七条规定：“经承包方书面同意，并向本集体经济组织备案，受让方可以再流转土地经营权。”第三十三条规定：“承包方之间为方便耕种或者各自需要，可以对属于同一集体经济组织的土地的土地承包经营权进行互换，并向发包方备案。”

土地使用权可以继承。按照我国《农村土地承包法（2018年修正）》第三十二条规定：“承包人应得的承包收益，依照继承法的规定继承。林地承包的承包人死亡，其继承人可以在承包期内继续承包。”不宜采取家庭承包方式的荒山、荒沟、荒丘、荒滩等农村土地，通过招标、拍卖、公开协商等方式承包的土地的继承权，适用于第五十四条规定：“依照本章规定通过招标、拍卖、公开协商等方式取得土地经营权的，该承包人死亡，其应得的承包收益，依照继承法的规定继承；在承包期内，其继承人可以继续承包。”即公民的房屋属于个人的合法财产，按照我国继承法的规定是可以继承的。不论是城市人还是农村人，甚至国家干部，还是其他人，都可以按照继承法的规定享有继承权。我

国宪法和土地管理法都明确规定，农村宅基地属于集体所有。根据这一规定，所有农村居民的宅基地所有权都属于村集体。宅基地上房屋的继承者在依法取得房产所有权以后，宅基地的使用权随地面上的房产所有权而转移，由继承者继续使用。除自己居住外，也可以根据有关规定，将该房屋出售给本村集体经济组织内的成员。

此外，农业用地使用权流转受到一定的约束。如《农村土地承包法（2018 年修正）》第三十八条规定："土地经营权流转应当遵循以下原则：（一）依法、自愿、有偿，任何组织和个人不得强迫或者阻碍土地经营权流转；（二）不得改变土地所有权的性质和土地的农业用途，不得破坏农业综合生产能力和农业生态环境；（三）流转期限不得超过承包期的剩余期限；（四）受让方须有农业经营能力或者资质；（五）在同等条件下，本集体经济组织成员享有优先权。"

（四）农村土地使用权的登记

我国《农村土地承包法（2018 年修正）》第二十四条规定："国家对耕地、林地和草地等实行统一登记，登记机构应当向承包方颁发土地承包经营权证或者林权证等证书，并登记造册，确认土地承包经营权。"第三十五条规定："土地承包经营权互换、转让的，当事人可以向登记机构申请登记。"第四十一条规定："土地经营权流转期限为五年以上的，当事人可以向登记机构申请土地经营权登记。"我国《草原法》第十一条规定，"依法确定给全民所有制单位、集体经济组织等使用的国家所有的草原，由县级以上人民政府登记，核发使用权证，确认草原使用权"。第四十六条规定："经承包方书面同意，并向本集体经济组织备案，受让方可以再流转土地经营权。"第四十七条固定："承包方可以用承包地的土地经营权向金融机构融资担保，并向发包方备案。受让方通过流转取得的土地经营权，经承包方书面同意并向发包方备案，可以向金融机构融资担保。担保物权自融资担保合同生效时设立。当事人可以向登记机构申请登记。”

《农村土地承包法（2018年修正）》第四十七条规定，“县级以上地方人民政府应当向承包方颁发土地承包经营权证或者林权证等证书，并登记造册，确认土地承包经营权。”第三十七条规定，“土地承包经营权采取转包、出租、互换、转让或者其他方式流转，当事人双方应当签订书面合同。采取转让方式流转的，应当经发包方同意；采取转包、出租。互换或者其他方式流转的，应当报发包方备案。”

四、农村土地他项权益

（一）土地抵押权

1. 土地抵押权的含义

土地抵押权是土地受押人对于土地抵押人不移转占有并继续使用收益而提供担保的土地，在债务不能履行时可用土地的拍卖价款优先受偿的担保物权。土地受押人称为土地抵押权人。设定土地抵押权时，作为标的物的土地并不发生转移，它仍为土地抵押人占有使用，只以其代表经济价值的某项权利（如所有权、使用权）作担保。这样，土地抵押人在取得贷款后更能发挥土地的经济效益。只是当抵押人到期不能履行债务时，抵押权人有权将土地拍卖并优先受清偿。抵押人如果按规定的方式和期限偿还债务，则土地如期回到抵押人手中，抵押权自动消失。

2. 土地抵押权具有的性质

（1）土地抵押权的优先清偿性。土地抵押是种担保物权，当土地抵押人在将土地进行抵押的同时，若还设定租赁权等，则在债务清偿时抵押权人可以不考虑抵押人是否设定租赁权而将土地拍卖，并将其拍卖所得优先获得清偿。这时，土地租赁契约没有任何约束力。《中华人民共和国城镇国有土地使用权出让和转

让暂行条例》第三十七条规定："处分抵押财产所得，抵押权人有优先受偿权。"

(2）土地抵押权的附属性。土地抵押权虽然为担保物权，但是它却以债权的存在为前提，即具有从属于债权的性质。当以土地作为抵押担保物时，受押人在对抵押物及抵押人进行各方面考察之后，认为可以发放贷款，才确立其抵押权。因此，抵押权的成立原则上以债权的成立为前提，而一旦债务得以清偿，则抵押权也随之消失，也就是抵押权原则上也因债权的消失而消失。

(3）土地抵押权的不可分性。抵押权所担保的债务，债务人（抵押人）必须以全部抵押物来行使权利。如果债务的一部分已被清偿，或大部分已被清偿，抵押权也不受影响，仍必须以全部土地继续受押。同时，抵押人在抵押期限内，一般没有处分土地的权利，全部土地继续受押。同时，抵押人在抵押期限内，一般没有处分土地的权利，如处分其中一部分土地，如将其部分租赁，抵押权也不因此而分割，被租赁出去的土地同样必须履行清偿债务的义务。

3. 农村土地抵押权的相关规定

《民法通则》《中华人民共和国农业法》（以下简称《农业法》）都有关于土地承包经营权的规定，但这两部法律都没有涉及土地承包经营权的流转，更没有涉及土地承包经营权的抵押。《中华人民共和国担保法》（以下简称《担保法》）规定了抵押人依法承包并经发包方同意抵押的荒山、荒沟、荒滩等的土地使用权可以抵押。我国《中华人民共和国农村土地承包法(2018年修正)》第五十条规定，"荒山、荒沟、荒丘、荒滩等可以直接通过招标、拍卖、公开协商等方式实行承包经营，也可以将土地经营权折股分给本集体经济组织成员后，再实行承包经营或者股份合作经营。承包荒山、荒沟、荒丘、荒滩的，应当遵守有关法律、行政法规的规定，防止水土流失，保护生态环境。"

《物权法》第一百八十条规定“债务人或者第三人有权处分的下列财产可以抵押：债务人或者第三人有权处分的下列财产可以抵押：(1) 建筑物和其他土地附着物；(2) 建设用地使用权；(3) 以招标、拍卖、公开协商等方式取得的荒地等土地承包经营权；(4) 生产设备、原材料、半成品、产品；(5) 正在建造的建筑物、船舶、航空器；(6) 交通运输工具；(7) 法律、行政法规未禁止抵押的其他财产。抵押人可以将前款所列财产一并抵押。”

从《农村土地承包法》第五十条来看，用于抵押的土地承包经营权应具备两个条件。第一，土地承包经营权须是通过招标、拍卖、公开协商等方式取得的农村土地使用权；第二，经依法登记取得土地承包经营权证或者林权证等证书。通过家庭承包方式取得的土地承包经营权可否设定抵押，在《农村土地承包法》中并没有明确说明。《农村土地承包法》第五十三条规定，“通过招标、拍卖、公开协商等方式承包农村土地，经依法登记取得权属证书的，可以依法采取出租、入股、抵押或者其他方式流转土地经营权。”但是对通过家庭承包获得的土地，这里既没有明确允许，也没有明确禁止土地承包经营权通过抵押这一方式进行流转。从民法理论层面来考虑，既然法律没有禁止，只要不违反“公序良俗”，不损害公共利益，土地承包经营权人就可在通过家庭承包方式取得的土地承包经营权上设定抵押权。需要说明的是，我国农村土地抵押权的标的不是土地本身、不是土地所有权，而是土地使用权。目前我国可用于抵押的农村土地使用权，主要包括国有土地使用权和承包的“四荒”使用权。

(二) 土地租赁权

所谓土地租赁权，是指承租人在占有租赁物并使用其获得益处的权能。设定土地租赁权是指土地所有权人或土地使用权人通过契约将土地占有权、狭义的土地使用权和部分收益权转让给他

人。这时，他人就称为土地租赁权人，即承租人。它与广义的土地使用权的最根本的区别是土地租赁权人不拥有对土地的部分处置权，承租人对土地的使用条件是以土地出租人的意志而规定的。一般情况下，土地租赁权人未经出租人同意不能将自己承租的土地再以任何方式转移出去。土地租赁人为取得土地租赁权就必须向出租方缴纳地租，无论出租方是土地所有者还是土地使用者。土地租赁依租赁契约而成立，因此出租方和承租方之间必须签订租赁合同。租赁合同不得违背国家的法律、法规。如若出租方是土地使用权人，则租赁合同还不能违背土地使用权出让合同的规定。在出租方是土地使用权人的情况下，土地承租方向土地使用权人缴纳地租，而土地使用权人则继续履行土地使用权出让合同。

土地租赁权人具有土地的占有权和使用权、续租权、优先购买权、对地产受让人的对抗权（即土地使用权买卖不能破租，未到期的租赁行为仍然有效）。

土地租赁一般可分为有期限的和无期限的两种。但在我国，目前法律没有规定土地可以无期限租赁，而只规定实行有期限租赁。在农村，土地转包实为一种有期限的土地租赁，出租方是土地承包者，即集体土地使用权人，其除收取承租人缴纳的地租外，还履行自己与集体的承包合同。

此外，还要注意的是，农村土地租赁不得改变用途。如《农村土地承包法》第十一条规定，“农村土地承包经营应当遵守法律、法规，保护土地资源的合理开发和可持续利用。未经依法批准不得将承包地用于非农建设。”第六十三条规定，“承包方、土地经营权人违法将承包地用于非农建设的，由县级以上地方人民政府有关主管部门依法予以处罚。承包方给承包地造成永久性损害的，发包方有权制止，并有权要求赔偿由此造成的损失。”

土地租赁具有最高租赁年限。《农村土地承包法》第二十一条规定："耕地的承包期为三十年。草地的承包期为三十年至五十年。林地的承包期为三十年至七十年。前款规定的耕地承包期届满后再延长三十年，草地、林地承包期届满后依照前款规定相应延长。"《中华人民共和国合同法》（以下简称《合同法》）第二百一十二条规定："租赁期限不得超过二十年。超过二十年的，超过部分无效。租赁期间届满，当事人可以续订租赁合同，但约定的租赁期限自续订之日起不得超过二十年。"所以除特别主体以外，其他一般主体订立土地使用权租赁合同不得超过 20 年，超过二十年的，超过部分无效。

（三）地役权

在我国，地役权是《物权法》所创设的法律制度，在此之前没有关于地役权的法律规定。我国《物权法》第一百五十六条第一款规定："地役权人有权依照合同约定，利用他人的不动产，以提高自己的不动产的效益。"地役权中的"役"就是使用的意思，如通行他人土地、由他人土地引水、禁止他人在其土地上建筑一定的建筑物等。地役权所涉及的两块土地中，需要役使他人土地的地块称为需役地，供他人役使的地块则称为供役地。需役地的所有权人或者使用权人成为地役权人，地役权对他来说是一种权利；供役地的所有权人或者使用权人成为地役人，对他来说，地役权则是一种负担或义务。

地役权是在土地所有权上设定的一种他项权利。地役权主要包括：建筑支持权、采光权、眺望权、取水权、道路通行权等。地役权可以由于弃权、解除、失效和某些其他原因而消灭。

土地所有权人（在我国包括土地使用权人）为了利用自己的土地而有限地利用他人土地的权利就是地役权。地役权一般涉及两个地块，且这两块土地分属于两个所有权人，其中一块土地向另一块土地提供服务。其中需要役使他人土地的地块称为需役地，而供他人行使的地块则称为供役地；对应地，前一块土地所

有权人被认为拥有地役权，称为地役权人，后一块土地所有权人被认为附带有供役的义务，称为地役人。因此，地役，从需役地的角度，地役权是一种权利，而从供役地的角度则是一种负担或义务。

作为一种对他人土地的一种便宜性权利，地役权从取得方式或发生根据上有两个，一个是依据法律规定，一个是依据当事人约定。据此可把地役权分为两类：约定地役和法定地役。顾名思义，法定地役是依据法律规定产生的对他人土地的一种便宜性权利；而约定地役是依据当事人的约定而产生的对他人土地的一种便宜性权利。法律之所以规定某人对他人土地享有地役，主要是因为如果不给予他这样的便宜，则他对自己的土地利用便不可能或不方便，法律强加给当事人供役义务，以使各自的土地都能得到有效的利用。而在法律上无供役义务时，一方当事人可以基于约定而赋予另一方当事人利用其土地的权利，便产生了约定地役。

地役权的特征：地役权的主体包括不动产的所有人和使用人；地役权的内容是利用他人不动产，并对他人的权利加以限制；地役权的客体主要为他人的不动产；地役权的设立目的是利用他人的不动产来提高自己不动产的收益；地役权是否有偿及存续期间依当事人约定；地役权具有从属性，地役权的从属性意味着地役权不得脱离需役权或使用权一同转移。

地役权人的权利，可分为积极权利和消极权利。

积极权利即对供役地的利用权。这种利用权，按不同的权利内容，可分为占有状态的利用和非占有状态的利用。例如，在他人土地上建设并维持水渠，是占有状态的利用；在他人土地上通行，是非占有状态的利用。当供役地的所有权人、使用权人或者第三人妨碍地役权人实施必要的利用行为时，该地役权人有权请求排除妨害。

地役权人的消极权利，是指限制或禁止供役地所有权人、使用权人在该土地上实施一定行为的权利。禁止妨碍通风、禁止妨碍采光、禁止工程作业等，都是消极的权利。地役权人行使权利时，应当尊重供役地所有人、使用人的合法权益，尽可能避免损害的发生。因行使地役权而不得不造成损害的，应本着公平原则，给予适当的补偿。因行使权利的方式不当或者对避免损害的发生欠缺必要的注意的，应当对所造成的损失承担赔偿责任。

地役权人的义务：地役权人对供役地的使用应当选择损害最小的地点及方式为之，这样使得通过地役权增加需役地价值的同时，不至过分损害供役地的使用。另外，地役权人因其行使地役权的行为对供役地造成变动、损害的，应当在事后恢复原状并补偿损害。地役权人对于为行使地役权而在供役地修建的设施，如电线、管道、道路，应当注意维修，以免供役地人因其设施损害而受到损害。另外，地役权人对于上述设施，在不妨碍其地役权行使的限度内，应当允许供役地人使用这些设置。

（四）地上权

地上权是用益物权的一种，又称借地权。即在他人土地上设定其使用土地的权利。地上权人的权利是占有土地，在建筑物、工作物等必需范围内，有土地使用权。地上权可以处分，如让与他人，作为抵押权标的物等。地上权人的主要义务是向土地所有人支付地租。地上权多依法律行为取得。其设定转移应以书面形式为主，并应登记。地上权的存续时间，依当事人约定，法律并无最长期间的限制。目前与农村土地发生关系的主要是电力部门。地上权的取得要进行登记。

1. 地上权的特征

(1) 地上权为使用他人土地的一种权利。土地所有权人由于各种原因，可能不亲自行使所有权而对土地进行开发利用，而

是交由他人进行使用。因此，地上权“其主要内容在于使用他人的土地。”

（2）地上权是使用他人土地的物权。地上权是对他人所有的土地为占有、使用、收益的权利，因而是他物权。“地上权为他人土地上之权利，故为他物权，乃系限制全面的支配权之所有权，而一面的支配土地之权利。”

（3）地上权为已有建筑物或其他工作物为目的的权利。这里的建筑物或其他工作物是指在地上下建筑的房屋及其他设施，具体可以包括建筑物、桥梁、沟渠、堤防、铜像、纪念碑、地窖等，有的国家和地区包括的范围还要广。

在我国，地上权是指在国家或集体所有的土地上有建筑物或其他工作物而使用国家或集体土地的他物权。

2. 地上权与地役权的比较

（1）相同点：两者同属于用益物权。

（2）不同点：①地上权是因建筑物或其他工作物而使用国家或集体土地的权利；地役权是以他人土地供自己土地便利而使用的权利。②产生的原因不同：前者因土地划拨，乡村建设用地，土地使用权出让，土地使用权转让而产生；后者则是基于供役地的存在，一般是设定地役权的合同，也有根据遗嘱的单独行为的。③消灭事由不同，前者是基于年限的规定；后者则是由于土地灭失、目的事实不能、抛弃、存续期间届满或其他预定事项的发生。④权力不同，前者可以进行转让，抵押，出租等权利处分；后者则仅具有使用和为附属行为的权利。⑤义务不同，地役权人在供役地上建设的设施可供供役地人使用。地上权人则无此义务。

（五）土地发展权

土地发展权是发展土地的权利，一种可与土地所有权分割而单独处分的财产权。具体说，土地发展权就是变更土地使用性质之权，如农地变更为城市建设用地，或土地原有的使用集约度提升。设定土地发展权后，其他一切土地的财产权或所有权是以目前已经编定的正常使用价值为限，即土地所有权的范围，是以现在已经依法取得的既得权利为限。此后变更土地使用类别和集约程度的决定权，则属于土地发展权。

土地发展权是土地权利束的重要组成部分，是源自于公权力干预、用于改变土地利用状态的一种权利。对土地权利的传统认识认为，拥有土地所有权，就意味着拥有该土地的一切权利。不少发达国家在 1947 年以前，土地权利设置和管理的重点均在于静态的土地权利，而实现土地开发利用方式的转变主要依赖土地所有权转移交易，包括政府施行的土地征收。1947 年，英国颁布的《城乡规划法》创立了土地发展权，明确将“发展”定义为“在地上、地下或地表进行建筑、工程、采矿或其他行动，或使任何建筑物或其他土地的使用上发生任何实质上的变化”，并明确依该法成立的中央土地委员会有权决定是否发放发展许可或者变更土地的用途，此后还相继颁布了《一般性许可开发条例》和《用途种类条例》，进一步明确了政府所管制的开发行为和用途转变的内容，土地发展权就此正式成为一种新的受制于公权力干预、可以单独处分的权利。美国在确立土地发展权制度之前，于 20 世纪 20 年代颁布了《标准州区划授权法》，由各州授权地方政府制定区划条例；地方区划条例的执行中，产生了政府和土地所有权人对开发认知的冲突，著名的案例有 1926 年俄亥俄州欧几里得村与安姆伯勒房地产开发公司之间的诉讼案，美国联邦最高法院判定欧几里得村的区划条例符合宪法，认为政府有权依据行政权对私有土地的利用进行限制，要求土地所有权人应依据区划条例进行开发。直至 20 世纪 60 年代，美国引入土地发展权制度，明确作为配合实施区划的手段，隶属于土地所有权的有机组成部分。

设立土地发展权的重要目的在于解决因土地开发管制而产生的利益冲突问题。伴随工业化和城市化的推进，土地开发利用方式多样化，对资源、生态、环境保护的诉求日增，平衡个人利益和公共利益的需求愈发迫切，英美等国纷纷通过规划管制的方式，对土地利用的功能、强度等动态变化进行控制。1909 年，英国颁布了首部城市规划法规《住宅、城镇规划诸法》，赋予地方政府对正在开发或有可能用于建筑目的的土地进行事先限制和规划的权力；美国《标准州区划授权法》要求，由各州授权地方政府制定区划条例，将城市划分成各个分区，给予不同的用途、建筑高度、体量以及开放空间面积等的规定。规划管制带来了地块或分区之间的土地价值差异，使土地所有者或因允许开发而获益、或因限制开发而受损，个体间的利益冲突、个体与社会的利益冲突现象频发，规划管制难以真正落实。为此，英国 1947 年颁布的《城乡规划法》实行了全面的发展许可制度，并将土地发展权及其相关利益实行国有化。同时，为规避将土地发展权收归国有可能引发的社会动乱，建立了一个总额为 3 亿英镑的基金，用于向提出开发申请但被拒绝的土地权利人进行补偿支付。而美国虽然从英国引进了土地发展权概念，却是将土地发展权的权益私有化，通过市场交易机制，使受损者获得补偿，降低政府征收土地资金压力和诉讼案件的发生。土地发展权是近代随着土地利用方式的多样性及相应土地收益的巨大差异性而出现的。

当今世界各国对土地发展权持有两种不同的认识和处理方式。一种认为，土地发展权应自动归属于原土地所有权人。在这种情况下，政府可事先向土地所有权人购买土地发展权，从而使土地发展权掌握在政府手中，使土地所有者没有变更土地用途的权利。另一种认为，土地发展权一开始就属于国家，如果土地所有者要改变土地用途或提高土地使用集约度，必须先向政府购买土地发展权。

我国《宪法》《物权法》和《土地管理法》等法律并未明确提出土地发展权概念，但是，土地用途管制制度、建设用地规划许可制度、“双轨”土地所有制及其权能差异等客观上构筑了我国的土地发展权控管体系。具体而言，一级土地发展权隐含在中央政府对地方政府、上级政府对下级区域的新增建设用地许可中；二级土地发展权则隐含在地方政府对建设项目用地的规划许可中。与此同时，我国“双轨”土地所有权制度以及对应的公权力差别化管控，使得土地发展权“双轨”特征明显。现阶段，围绕土地开发和建设利用，国家所有土地的土地发展权完整明确，集体所有土地的土地发展权仅存在于兴办乡镇企业、村民建设住宅、乡（镇）村公共设施和公益事业建设3种情形中。对照英美的土地发展权制度及其形成历程，我国一系列的土地管制制度和英国、美国体系有相近的逻辑，但出于国情和制度的差异，我国隐性存在的土地发展权制度更加综合、复杂，更具独特性。

专题三　农村土地规划、征用与补偿

一、农村土地规划

（一）土地总体规划概述

1. 土地总体规划的概念

土地规划是在一定区域内，根据国家社会经济可持续发展的要求和当地自然、经济、社会条件，对土地的开发、利用、治理、保护在空间上、时间上所作的总体安排和布局。土地利用总体规划是实行土地用途管制的依据。

2008 年国土资源部会同有关部门在《全国土地利用总体规划纲要（1997—2010 年）》基础上，编制了《全国土地利用总体规划纲要（2006—2020 年）》(以下简称《纲要》)。

各级人民政府应当依据国民经济和社会发展规划、国土整治和资源环境保护的要求、土地供给能力以及各项建设对土地的需求，组织编制土地利用总体规划。土地利用总体规划的规划期限由国务院规定。下级土地利用总体规划应当依据上一级土地利用总体规划编制。地方各级人民政府编制的土地利用总体规划中的建设用地总量不得超过上一级土地利用总体规划确定的控制指标，耕地保有量不得低于上一级土地利用总体规划确定的控制指标。省、自治区、直辖市人民政府编制的土地利用总体规划，应当确保本行政区域内耕地总量不减少。

2. 总体规划的原则

土地利用总体规划的编制依据的原则有：①严格保护基本农

田，控制非农业建设占用农用地；坚持以保护耕地特别是基本农田为重点，进一步强化对基本农田的保护和管理。②提高土地利用率。③统筹安排各类、各区域用地。④保护和改善生态环境，保障土地的可持续利用。⑤占用耕地与开发复垦耕地相平衡。

3. 土地的分类

土地分为农用地、建设用地和未利用地三类。农用地是指直接用于农业生产的土地，包括耕地、林地、草地、农田水利用地、养殖水面等；建设用地是指建造建筑物、构筑物的土地，包括城乡住宅和公共设施用地、工矿用地、交通水利设施用地、旅游用地、军事设施用地等；未利用地是指农用地和建设用地以外的土地，例如，沙漠、冰川等。土地分类是国家实行土地用途管制制度的需要，主要目的是限制农用地转为建设用地，特别是要对耕地实行重点保护。县级土地利用总体规划应当划分土地利用区，明确土地用途。

4. 土地利用总体规划实行分级审批

省、自治区、直辖市的土地利用总体规划，报国务院批准。省、自治区人民政府所在地的市、人口在 100 万以上的城市以及国务院指定的城市的土地利用总体规划，经省、自治区人民政府审查同意后，报国务院批准。前述以外的土地利用总体规划，逐级上报省、自治区、直辖市人民政府批准；其中，乡（镇）土地利用总体规划可以由省级人民政府授权的设区的市、自治州人民政府批准。土地利用总体规划一经批准，必须严格执行。

5. 各级政府土地利用总体规划的任务

全国和省级土地利用总体规划为宏观控制性规划，主要任务是在确保耕地总量动态平衡的前提下，统筹安排各类用地，控制城镇建设用地规模。通过规划分区和规划指标对下级土地利用总体规划进行控制。县、乡级土地利用总体规划为实施性规划，主要任务是根据上级土地利用总体规划的指标和布局要求，具体划

分各土地利用区，明确用途和使用条件，为农用地转用审批、基本农田保护区划定、土地整理、土地开发复垦提供依据。特别是乡（镇）土地利用总体规划，要具体确定每一块土地的用途，并向社会公告。

6. 土地利用总体规划的修改

土地利用总体规划的修改，必须经原批准机关批准；未经审批，不得改变土地利用总体规划确定的用途。经国务院批准的大型能源、交通、水利等基础设施建设用地，需要改变土地利用总体规划的，根据国务院的批准文件修改土地利用总体规划。经省、自治区、直辖市人民政府批准的能源、交通、水利等基础设施建设用地，需要改变土地利用总体规划的，属于省级人民政府土地利用总体规划批准权限内的，根据省级人民政府的批准文件修改土地利用总体规划。

7. 土地调查制度

县级以上人民政府土地行政主管部门会同同级有关部门进行土地调查。土地所有者或者使用者应当配合调查，并提供有关资料。县级以上人民政府土地行政主管部门会同同级有关部门根据土地调查成果、规划土地用途和国家制定的统一标准，评定土地等级。

8. 土地统计制度

县级以上人民政府土地行政主管部门和同级统计部门共同制定统计调查方案，依法进行土地统计，定期发布土地统计资料。土地所有者或者使用者应当提供有关资料，不得虚报、瞒报、拒报、迟报。土地行政主管部门和统计部门共同发布的土地面积统计资料是各级人民政府编制土地利用总体规划的依据。

（二）农村土地规划

1. 农村土地利用面临的形势

我国农村土地利用现状。按照《纲要》所发布的，根据全国土地利用变更调查，到2005年年底，全国农用地面积为65 704.74万公顷（985 571万亩[①]），建设用地面积为3 192.24万公顷（47 884万亩），其他为未利用地。在农业用地中，耕地面积为12 208.27万公顷（183 124万亩），园地面积为1 154.9万公顷（17 323万亩），林地面积为23 574.1万公顷（353 612万亩），牧草地面积为26 214.38万公顷（393 216万亩），其他农用地面积为2 553.09万公顷（38 296万亩）。

党中央、国务院高度重视土地利用和管理。自《全国土地利用总体规划纲要（1997—2010年）》批准实施以来，通过制定和实施一系列加强土地宏观调控和管理的政策措施，土地用途管制制度逐步得到落实，控制和引导土地利用的成效日益显现：①农用地特别是耕地保护得到强化，非农建设占用耕地规模逐步下降。1997—2005年，全国非农建设年均占用耕地20.35万公顷（305万亩），与1991—1996年年均占用29.37万公顷（441万亩）相比降低了31%。2012—2015年间，全国建设占用耕地104万公顷（1 560万亩），同期补充150.6万公顷（2 259万亩），实现了占补有余，95%以上建设用地实现耕地“先补后占”。②土地整理复垦开发力度加大，总体上实现了建设占用耕地的占补平衡。1997—2005年，国家投资土地开发整理重点项目2 259个，各省、自治区、直辖市累计安排土地开发整理项目近2万个，全国累计补充耕地227.6万公顷（3 414万亩），年均补充耕地25.29万公顷（379万亩）。③国土综合整治稳步推进，土地生态环境逐步改善。1997—2005年，全国累计实现生态退耕686.25万公顷（10 294万亩），沙地面积减少19.52万公顷（293万亩），裸土地面积减少5.01万公顷（75万亩）。2016年度生态退耕减少耕地面积5.2万公顷（78.0万亩）（占耕地减少

---

① 1公顷=15亩

面积的 15.1%)，较 2015 年增加了 2.73 万公顷（40.9 万亩）。

土地利用总体规划的有效实施，促进了国家粮食安全和国民经济平稳较快发展，缓解了生态环境破坏加剧的趋势。但是，必须清醒地认识到，我国人口众多、人地关系紧张的基本格局没有改变，农村土地利用和管理还面临一些突出问题：一是人均耕地少、优质耕地少、后备耕地资源少。目前我国耕地面积只有约 1.23 亿公顷（18.51 亿亩）。人均耕地仅有 1.43 亩，不到世界人均水平的 40%。优质耕地只占全部耕地的 1/3。目前耕地后备资源总面积 535.27 万公顷（8 029.15 万亩），与 2005 年耕地后备资源潜力 1 333 万公顷（2 亿亩）进行比较，我国耕地后备资源已经进行了相当程度的开发利用，剩余耕地后备资源 60%以上分布在水源不足和生态脆弱地区，开发利用的制约因素较多。二是优质耕地减少和工业用地增长过快。目前全国耕地中，有灌溉设施的耕地 6 107.6 万公顷（91 614 万亩），比重为 45.1%，无灌溉设施的耕地 7 430.9 万公顷（111 463 万亩），比重为 54.9%。1997—2005 年，全国灌溉水田和水浇地分别减少 93.13 万公顷（1 397 万亩）和 29.93 万公顷（449 万亩）。而同期补充的耕地有排灌设施的比例不足 40%。新增建设用地中工矿用地比例占到 40%，部分地区高达 60%，改善城镇居民生活条件的居住、休闲等用地供应相对不足。三是截至 2018 年，我国乡村人口总数 57 661 万人，与 2005 年 74 544 万人相比减少 22.6%，而农村居民点用地却呈现出明显的增加，农村建设用地利用效率普遍较低。四是局部地区土地退化和破坏严重。2005 年全国水土流失面积达 35 600 万公顷（53.4 亿亩），退化、沙化、碱化草地面积达 13 500 万公顷（20.25 亿亩）。一些地区产业用地布局混乱，土地污染严重，城市周边和部分交通主干道以及江河沿岸耕地的重金属与有机污染物严重超标。五是违规违法用地现象屡禁不止。2007 年开展的全国土地执法“百日行动”清查结果显示，全国“以租代征”涉及用地2.20万公顷（33万亩），违规新设和扩大各类开发区涉及用地6.07万公顷（91万亩），未批先用涉及土地面积15万公顷（225万亩）。总体上，违规违法用地的形势依然严峻。

农村土地利用面临的机遇与挑战。农用地特别是耕地保护的形势日趋严峻。到2020年，我国人口总量预期将达到14.5亿，2033年前后达到高峰值15亿左右，为保障国家粮食安全，必须保有一定数量的耕地；保障国家生态安全，也需要大力加强对具有生态功能的农用地特别是耕地的保护。同时，城镇化、工业化的推进将不可避免地占用部分耕地，现代农业发展和生态建设也需要调整一些耕地。但是，耕地后备资源少；生态环境约束大，制约了我国耕地资源补充的能力，农用地特别是耕地保护面临更加严峻的形势。

2. 农村土地利用总体规划目的

结合农村当地的实际土地情况，并充分考虑到村民的实际需求，切实提高土地的利用率，合理科学地进行用地规划。在规划中，要重视工作细节的实施。

农村土地利用总体规划目的是坚持土地可持续利用，保护好耕地和基本农田，节约集约利用土地，调整土地利用结构，优化土地利用布局，强化土地利用空间管制，制定规划实施的保障措施。为农村经济、社会和环境的可持续发展提供土地保障。

3. 农村土地利用总体规划依据

主要依据的法律法规有：《土地管理法》《土地管理法实施条例》《中华人民共和国城乡规划法》《农业法》《基本农田保护条例》《中华人民共和国水土保持法》《中华人民共和国环境保护法》《森林法》；各省、自治区和直辖市制定的实施办法；各省、自治区和直辖市的基本农田保护地方性法规等。

主要依据的技术规划有：《城镇规划标准》《土地开发整理

标准》；各省、自治区和直辖市制定的乡镇土地利用总体规划编制规程；各省、自治区和直辖市制定的《实施〈村镇规划标准〉的有关技术规定》等。

相关规划与资料有：县域统计年鉴；县域基本农田保护规划等。

4. 农村土地利用总体规划指导原则与目标任务

（1）指导原则。一是严格保护耕地，控制非农业建设占用农用地的原则。坚持以保护耕地特别是基本农田为重点，进一步强化对基本农田的保护和管理，推进耕地保护由单纯数量保护向数量、质量和生态全面管护转变。保护农业综合生产能力，保障粮食安全。二是保护生态环境，保障土地资源可持续利用的原则。三是节约集约利用土地的原则。按照建设资源节约型社会的要求，立足保障和促进乡村振兴，合理控制建设规模，防止用地浪费，推动产业结构优化升级，促进经济发展方式转变。

（2）规划目标。根据全面建设小康社会的总体要求和我国经济社会发展的目标任务，规划内努力实现以下土地利用目标：①守住 18 亿亩耕地红线。全国耕地保有量到 2020 年保持在 12 033. 31 万公顷（18. 05 亿亩）。规划期内，确保 10 400 万公顷（15. 6 亿亩）基本农田数量不减少、质量有提高。土地利用结构得到优化。农用地保持基本稳定，建设用地得到有效控制，未利用地得到合理开发；城乡用地结构不断优化，城镇建设用地的增加与农村建设用地的减少相挂钩。②到 2020 年，农用地稳定在 66 883. 55 万公顷（1 003 253 万亩），建设用地总面积控制在 3 724 万公顷（55 860 万亩）以内。③土地整理复垦开发全面推进。田水路林村综合整治和建设用地整理取得明显成效，新增工矿废弃地实现全面复垦，后备耕地资源得到适度开发。到 2020 年，全国通过土地整理复垦开发补充耕地不低于 367 万公顷（5 500 万亩）。④土地生态保护和建设取得积极成效。退耕还林还草成果得到进一步巩固，水土流失、土地荒漠化和“三化”（退化、沙化、碱化）草地治理取得明显进展，农用地特别是耕地污染的防治工作得到加强。⑤土地管理在宏观调控中的作用明显增强。土地法制建设不断加强，市场机制逐步健全，土地管理的法律、经济、行政和技术等手段不断完善，土地管理效率和服务水平不断提高。

（3）主要任务。一是以严格保护耕地为前提，统筹安排农用地。二是以推进节约集约用地为重点，提高建设用地保障能力。三是以加强国土综合整治为手段，协调土地利用与生态建设。四是以优化结构布局为途径，统筹区域土地利用。五是以落实共同责任为基础，完善规划实施保障措施。严格执行保护耕地和节约集约用地目标责任制，健全保护耕地和节约集约用地的市场调节机制，建立土地利用规划动态调整机制，确保土地利用规划目标的实现。

二、农村土地征用与补偿

（一）农村土地征收政策

1. 农村土地征收与征用

（1）农村土地征收与征用。土地征收指国家为了社会公共利益的需要，依据法律规定的程序和批准权限，并依法给予农村集体经济组织及农民补偿后，将农民集体所有土地变为国有土地的行为。这是解决建设所需用地的一项重要措施。通过土地征收，实现了土地所有权由集体向国家的转移和农地向建设用地的转换。

土地征用是指国家为了社会公共利益的需要，依据法律规定的程序和批准权限批准，并依法给予农村集体经济组织及农民补偿后，将农民集体所有土地使用权收归国有的行政行为。国家行政机关有权依法征用公民、法人或者其他组织的财物、土地等。

土地征收与征用既有联系又有区别。其共同点在于强制性。依法实施的征收和征用无须征得被征收、被征用的公民和法人的同意，被征收、被征用的公民和法人必须服从，不得抗拒。两者的不同点是：征收的实质是强制收买，是所有权的改变，不存在返还的问题；征用的实质是强制使用，是使用权的改变，被征用的土地使用完毕应及时返还被征用人，是一种临时使用土地的行为。我国《宪法》和《土地管理法》2004年修正或修改前，没有区分上述两种不同的情形，统称"征用"。从实际内容看，《土地管理法》既规定了农民集体所有的土地"征用"为国有土地的情形，这实质上是征收，又规定了临时用地的情形，这实质上是征用。为了理顺市场经济条件下因征收、征用而发生的不同的财产关系，2004年国家立法机关对《宪法》做了修正，紧接着又对《土地管理法》进行了修改，除个别条文外，《土地管理法》中的"征用"全部修改为"征收"。

（2）土地征收、征用的前提。土地征收与征用是国家强制取得公民和法人财产权的行为，稍有不慎即可造成公民和法人合法财产的严重侵害，因此必须有法律严格规定征收、征用的法定条件。各国法律所规定的征收、征用法定条件有三项：一是为了公共利益的目的；二是必须严格依照法律规定的程序；三是必须给予公正补偿。

我国目前对农村土地征收、征用"公益"类型的界定，采取了概括式的立法模式，即仅规定国家可基于"公共利益"的需要，对过程中农民集体所有的土地实行征收、征用并给予补偿，但并未对可以行使该权利的"为公共利益需要"的具体类型和范围予以明确规定。

为公共利益需要是一个抽象性概念，是一个价值判断概念，是要针对具体情况斟酌衡量的，但它绝不是任意的，需要有一个总体的判断标准。事实上，公共利益所包括的范围是非常广泛的，它既可能是经济利益，也可能是包括教育、卫生、环境等各个方面的利益。由于公共利益概念的宽泛性，因此对公共利益概念可以在一定程度上类型化但无法穷尽其内容。同时，公共利益本身是一个开放的、发展的概念，也就是说公共利益类型繁多，常常与国家政策和不同时期的社会需要具有非常密切的联系，且随着社会的发展而不断发展。

（3）土地征收、征用的原则。

一是节约用地，合理用地的原则。国家建设征收与征用农村土地，要注意节约用地。各级人民政府和土地管理部门应当严格掌握用地控制指标，应当根据建设项目的性质和规模，确定征用土地的面积，不得多征、早征。国家建设征收与征用农村土地，应当依据土地利用总体规划和城市规划，合理确定建设用地的位置。凡是有荒地可以利用的，不得占用耕地；在确定占用耕地时，凡是有可能利用劣地的，不得占用好地。

二是兼顾国家、集体和个人三者利益的原则。在征收与征用农村土地时，要注意处理好各方面的关系。首先，被征地的集体组织要维护国家利益，服从国家建设需要，协助国家顺利实现土地征收与征用。同时，国家也要给予被征收与征用土地的集体组织适当补偿，对因土地被征收与征用而受损失的农民个人给予妥善安置和保障。

三是谁使用土地谁补偿的原则。农村土地征收与征用的补偿，并不是由国家支付，而是由用地单位支付，即由使用该被征土地的建设项目的直接受益者支付。补偿是用地单位的一项法定义务，用地单位必须按法定的标准，向被征用土地的集体组织给予补偿。

（4）土地征收的特点。土地征收具有下列特点：①征收土地的主体必须是国家。只有国家才享有征收集体土地的权利，实际行使土地征收权的是各级土地管理机关和人民政府，它们对外

代表国家具体行使此项权利。②土地征收是国家行政行为，具有强制性。在土地征收法律关系中，国家与土地被征收的集体组织的地位是不平等的，土地征收行为并非基于双方的自愿和一致，而是基于国家单方面的意愿，这表示无须被征收土地的所有人同意。国家征收土地作为一种行政命令，被征收土地的集体组织必须服从。③土地征收是国家为了公共利益的需要。大多数学者认为，公共利益的需要是国家依法征收土地的唯一原因。④土地征收必须以土地补偿为必备条件。土地征收是有偿的行政强制行为，土地被征收的集体经济组织及其成员可以依法取得经济上的补偿。⑤土地征收的只能是集体所有的土地。国有土地不需要通过其他方式取得所有权，国家可直接行使处分权利。

2. 农村土地征收与征用的法律依据

土地征收、征用过程中涉及国家用地单位、农民集体和农民个人多个权利主体的利益，体现了土地权利在不同主体之间的分割与变换，因此在此过程中所体现的各种关系极具重要性、复杂性、多样性。调整土地征收、征用关系的法律制度不可能是某一项具体法律制度，而应是由各个法律部门有关土地征收、征用法律规范有机构成的土地征收、征用法律制度体系。

目前在我国法律层面上，《宪法》和《土地管理法》均规定了国家对集体土地的征收制度，即“国家为了公共利益的需要，可以依照法律规定对土地实行征收或者征用并给予补偿。”在法规层面，涉及土地征收的行政法规有《中华人民共和国土地管理法实施条例（2014 年修订）》《大中型水利水电工程建设征地补偿和移民安置条例》《物权法》等；当然还有各地出台的地方性法规。在部门规章层面，主要有《征用土地公告办法》（国土资源部 10 号令，2002 年 1 月 1 日起施行）《国土资源听证规定》（国土资源部 22 号令，2004 年 5 月 1 日起施行）等。在国家政策层面，2004 年国务院出台的《关于深化改革严格土地管理的决定》

(国发［2004］28号)，对土地征收的范围、程序、补偿安置方面做了明确的规定；2006年国务院出台的《关于加强土地调控有关问题的通知》(国发［2006］31号)，明确土地征收中被征地农民的社会保障费用纳入安置费用，社会保障费用不落实不得批准征地，同时，改革了土地补偿安置费用支付方式，明确由财政支付。国土资源部先后出台了《关于完善征地补偿安置制度的指导意见》(国资发［2004］238号)《关于加快推进征地补偿安置争议协调裁决制度的通知》(国土资发［2006］133号) 等文件。同时中共中央分别在2008年10月19日和2013年11月15日出台了《中共中央关于推进农村改革发展若干重大问题的决定》和《中共中央关于全面深化改革若干重大问题的决定》，分别严格界定了征地的范围，"圈外"非公益性用地允许直接进入市场；缩小了征地范围，规范了征地程序，完善了对被征地农民合理、规范、多元的保障机制。这些相关法律、法规和政策规定，构建成了我国现行的土地征收制度框架体系。

(二) 农村土地征收方式

1. 农村土地征收的范围

我国《宪法》第十条规定："城市的土地属于国家所有。农村和城市郊区的土地，除由法律规定属于国家所有的以外，属于集体所有；宅基地和自留地、自留山，也属于集体所有。国家为了公共利益的需要，可以依照法律规定对土地实行征收或者征用并给予补偿。"《土地管理法》第二条第四款规定："国家为了公共利益的需要，可以依法对集体所有的土地实行征收或者征用并给予补偿。"由此可以看出，在我国，土地征收行为的实施必须以满足"公共利益"需要为前提，即具备"公共利益"目的。《物权法) 第四十二条规定："为了公共利益的需要，依照法律规定的权限和程序可以征收集体所有的土地和单位、个人的房屋及其他不动产。"

但同样是在《土地管理法》中，第四十三条又规定："任何单位和个人进行建设，需要使用土地的，必须依法申请使用国有土地；但是，兴办乡镇企业和村民建设住宅经依法批准使用本集体经济组织农民集体所有的土地的，或者乡（镇）村公共设施和公益事业建设经依法批准使用农民集体所有的土地的除外。前款所称依法申请使用的国有土地包括国家所有的土地和国家征收的原属于农民集体所有的土地。"由此可见，《土地管理法》此项规定要求任何建设项目如果需要使用的土地是农民集体所有的土地，则应当在征收为国有后，才能依法使用。

2. 农村土地征收的程序

（1）征地方案的拟订、报批。我国土地征收的审批机关有：一是国务院，国务院行使对基本农田、超过35公顷的耕地和超过70公顷的其他土地的征地审批权。二是省、自治区、直辖市人民政府，省级人民政府行使国务院行使的权力以外的审批权，同时，审批必须报国务院备案。为了切实保护耕地，合理用地，对征用集体土地，《土地管理法）规定了严格的批准权限。征收下列土地的，由国务院批准：基本农田；基本农田以外的耕地超过35公顷的；其他土地超过70公顷的。征收上述规定以外的土地的，由省、自治区、直辖市人民政府批准，并报国务院备案。

在土地利用总体规划确定的城市建设用地范围内，为实施城市规划占用土地的，市、县人民政府按照土地利用年度计划拟定农用地转用方案、补充耕地方案、征收土地方案，分批次逐级上报有批准权的人民政府。有批准权的人民政府土地行政主管部门对农用地转用方案、补充耕地方案、征收土地方案进行审查，提出审查意见。报有批准权的人民政府批准。农用地转用方案、补充耕地方案、征收土地方案经批准后由市、县人民政府组织实施。

能源、交通、水利、矿山、军事设施等建设用地确需使用土地利用总体规划确定的城市建设用地范围外的土地，建设单位持建设项目的有关批准文件，向市、县人民政府土地行政主管部门提出建设用地申请，由市、县人民政府土地行政主管部门审查。涉及集体所有的农用地的，拟定农用地转用方案、补充耕地方案、征收土地方案和供地方案；涉及农民集体所有的未利用地的，拟定征用土地方案和供地方案。经市、县人民政府审核同意后，逐级上报有批准权的人民政府批准，批准后，由市、县人民政府组织实施。

（2）征地方案公告。征收土地方案经依法批准后，由被征收土地所在地的市、县人民政府组织实施，并将批准征地机关批准文号、征收土地的用途、范围、面积以及征地补偿标准、农业人员安置办法和办理征地补偿的期限等，在被征收土地所在的乡（镇）村予以公告。

征用土地公告应当包括下列内容。

①征地批准机关、批准文号、批准时间和批准用途。②被征用土地的所有权人、位置、地类和面积。③征地补偿标准和农业人员安置途径。④办理征地补偿登记的期限、地点。

做出征地公告的主体是：被征用土地所在地的市、县人民政府；征地公告的地点是：被征用土地所在地的乡（镇）、村；征地公告的时间是：被征用土地所在地的市、县人民政府应当在收到征用土地方案批准文件之日起 10 个工作日内进行征用土地公告，该市、县人民政府土地行政主管部门负责具体实施。

国土资源部《关于完善征地补偿安置制度的指导意见》（国土资发［2004］238 号文件），关于“征地工作程序”明确指出了，“（九）告知征地情况。在征地依法报批前，当地国土资源部门应将拟征地的用途、位置、补偿标准、安置途径等，以书面形式告知被征地农村集体经济组织和农户。在告知后，凡被征地农村集体经济组织和农户在拟征土地上抢栽、抢种、抢建的地上

附着物和青苗，征地时一律不予补偿。（十）确认征地调查结果。当地国土资源部广应对拟征土地的权属、地类、面积以及地上附着物权属、种类、数量等现状进行调查，调查结果应与被征地农村集体经济组织、农户和地上附着物产权人共同确认。（十一）组织征地听证。在征地依法报批前，当地国土资源部门应告知被征地农村集体经济组织和农户，对拟征土地的补偿标准、安置途径有申请听证的权利。当事人申请听证的，应按照《国土资源听证规定》规定的程序和有关要求组织听证。”

（3）办理征地补偿登记。被征收土地的所有权人、使用权人应当在公告规定的期限内，持土地权属证书到公告指定的人民政府土地行政主管部门办理征地补偿登记。

（4）征收补偿安置方案的公告及实施。国家征收土地的，依照法定程序批准后，由县级以上地方人民政府予以公告并组织实施。市、县人民政府土地行政主管部门根据经批准的征用土地方案，会同有关部门拟定征地补偿、安置方案，在被征用土地所在地的乡（镇）、村予以公告，听取被征用土地的农村集体经济组织和农民的意见。征地补偿、安置方案报市、县人民政府批准后，由市、县人民政府土地行政主管部门组织实施。有关市、县人民政府土地行政主管部门会同有关部门根据批准的征用土地方案，在征用土地公告之日起 45 日内以被征用土地的所有权人为单位拟定征地补偿、安置方案并予以公告。

征地补偿安置、方案公告应当包括下列内容。

①本集体经济组织被征用土地的位置、地类、面积，地上附着物和青苗的种类、数量，需要安置的农业人口的数量。②土地补偿费的标准、数额、支付对象和支付方式。③安置补助费的标准、数额、支付对象和支付方式。④地上附着物和青苗的补偿标准及支付方式。⑤农业人员的具体安置途径。⑥其他有关征地补偿、安置的具体措施。

（5）补偿争议。对补偿标准有争议的，由县级以上地方人民政府协调；协调不成的，由批准征收土地的人民政府裁决。当事人对裁决机关做出的裁决决定不服的，依照《行政复议法》和《行政诉讼法》的有关规定，仍然可以申请行政复议和提起行政诉讼。补偿、安置争议不影响征收方案的实施。

（6）支付与分配。征地的各项费用在征地补偿安置方案批准之日起3个月内全额支付。土地补偿费归农村集体经济组织所有，地上附着物和青苗补偿费归附着物和青苗所有者所有。安置补助费遵循“谁安置、谁享有”的原则，不需要统一安置的，发给个人或经其同意后支付其保险费用。

3. 农村土地征收的补偿

《宪法》和《土地管理法》都规定了土地征收补偿的内容，即“国家为了公共利益的需要，可以依照法律规定对土地实行征收或者征用并给予补偿”。《物权法》第四十二条规定：“征收集体所有的土地，应当依法足额支付土地补偿费、安置补助费、地上附着物和青苗的补偿等费用，安排被征地农民的社会保障费用，保障被征地农民的生活，维护被征地农民的合法权益。”这些规定为我国土地征收补偿制度的完善奠定了坚实的宪法基础。

（1）土地征收补偿原则。

一是完全补偿原则。该原则从“所有权神圣不可侵犯”的观念出发，认为损失补偿的目的在于实现平等，而土地征收是对“法律面前一律平等”原则的破坏，为矫正这一不平等的财产权侵害，自然应当给予完全的补偿，才符合公平正义的要求。

二是不完全补偿原则。该原则从强调“所有权的社会义务性”观念出发，认为财产权因负有社会义务而不具有绝对性，可以基于公共利益的需要而依法加以限制。但征收土地是对财产权的剥夺，它已超越了财产权限制的范围。因此基于公共利益需

要，例外地依法准许财产权的剥夺，应给予合理的补偿，否则财产权的保障将成为一纸空文。

三是相当补偿原则。该原则认为由于“特别牺牲”的标准是相对的、活动的，因此对于土地征收补偿应分情况而采用完全补偿原则或不完全补偿原则。在多数场合下，本着《宪法》对财产权和平等原则的保障，就特别财产的征收侵害，应给予完全补偿，但在特殊情况下，可以准许给予不完全补偿。如对于特定财产所给予的一般性限制，由于该限制财产权的内容在法律的权限之内，因此要求权利人接受低于客观价值的补偿，并没有违反平等原则。

（2）土地征收补偿范围。土地征收补偿包括土地补偿费、安置补助费以及地上附着物和青苗的补偿费，社会保障费用纳入土地补偿安置费用。土地补偿费指因国家征用土地对土地所有者和土地使用者因对土地的投入和收益造成损失的补偿。安置补助费指为了安置以土地为主要生产资料并取得生活来源的农业人口的生活，国家所给予的补助费用。安置补助费俗称“劳力安置”。它是对具有劳动能力而失去劳动对象的农民的生活安置，具有很强的人身性。青苗补偿费，是指征用土地时，对被征用土地上生长的农作物，如水稻、小麦、玉米、土豆、蔬菜等造成损失所给予的一次性经济补偿费用。地上附着物补偿费是对被征用土地上的各种地上建筑物、构筑物，如房屋、水井、道路、管线、水渠等的拆迁和恢复费以及被征用土地上林木的补偿或者砍伐费等。其他补偿费，是指除土地补偿费、地上附着物补偿费、青苗补偿费、安置补助费以外的其他补偿费用，即因征用土地给被征用土地单位和农民造成的其他方面损失而支付的费用，如水利设施恢复费、误工费、搬迁费、基础设施恢复费等。

（3）土地征收补偿的标准。《土地管理法》确立的原则一是按被征收土地的原用途补偿，二是按产值的一定倍数补偿。具体规定为：征收土地的，按照被征收土地的原用途给予补偿。征收耕地的土地补偿费，为该耕地被征用前3年平均年产值的6~10倍。征收耕地的安置补助费，按照需要安置的农业人口数计算。需要安置的农业人口数，按照被征用的耕地数量除以征地前征收单位平均每人占有耕地的数量计算。每一需要安置的农业人口的安置补助费标准，为该耕地被征收前3年平均年产值的4~6倍。但是，每公顷被征收耕地的安置补助费，最高不得超过被征用前3年平均年产值的15倍。征收其他土地的土地补偿费和安置补助费标准，由省、自治区、直辖市参照征收耕地的土地补偿费和安置补助土地上的附着物和青苗的补偿标准，由省、自治区、直制市的标准规定。依照法律的规定支付土地补偿费和安置补助费，尚不能使需要安置的农民保持原有生活水平的，经省、自治区、直辖市人民政府批准，可以增加安置补助费。但是，土地补偿费和安置补助费的总和不得超过被征地征用前3年平均年产值的30倍。国务院根据社会、经济发展水平，在特殊情况下，可以提高征收耕地的土地补偿费和安置补助费的标准。

2004年10月21日，国务院下发了《国务院关于深化改革严格土地管理的决定》（国发［2004］28号），在征地补偿的原则上，明确“县级以上地方人民政府要采取切实措施，使被征地农民生活水平不因征地而降低。要保证依法足额和及时支付土地补偿费、安置补助费以及地上附着物和青苗补偿费。依照现行法律规定支付土地补偿费和安置补助费，尚不能使被征地农民保持原有生活水平的，不足以支付因征地而导致无地农民社会保障费用的，省、自治区、直辖市人民政府应当批准增加安置补助费。土地补偿费和安置补助费的总和达到法定上限，尚不足以使被征地农民保持原有生活水平的，当地人民政府可以用国有土地有偿使用收入予以补贴。省、自治区、直辖市人民政府要制订并公布各市县征地的统一年产值标准或区片综合地价，征地补偿做到同

地同价，国家重点建设项目必须将征地费用足额列入概算。大中型水利、水电工程建设征地的补偿费标准和移民安置办法，由国务院另行规定。”

《土地管理法》规定，被征用土地，在拟定征地协议以前已种植的青苗和已有的地上附着物，也应当酌情给予补偿。但是，在征地方案协商签订以后抢种的青苗、抢建的地上附着物，一律不予补偿。被征用土地上的附着物和青苗补偿标准，由省、自治区、直辖市规定。实践中，可按下列办法执行。

地上附着物补偿费标准：根据“拆什么，补什么；拆多少，不低于原来水平”的原则补偿。对拆迁的房屋，按房屋原有建筑物的结构类型和建筑面积的大小给予合理的补偿。补偿标准按当地现行价格分别规定。农村集体经济组织财产被拆迁的，由用地单位按原标准支付适当的拆迁补偿费；需要拆除的，按其使用年限折旧后的余值，由用地单位支付补偿费。但是，拆除违法占地建筑和超出批准使用期限的临时建筑，不予补偿。

青苗补偿费标准：在征用前土地上长有的青苗，因征地施工被废掉的，应由用地单位按照在田作物一季产量、产值计算，给予补偿。具体补偿标准，应根据当地实际情况而定。对于刚刚播种的农作物，按其一季产值的1/3补偿工本费；对于成长期的农作物，最高按一季产值补偿。对于粮食、油料和蔬菜青苗，能够得到收获的，不予补偿；不能收获的，按一季补偿。对于多年生长的经济林木，要尽量移植，由用地单位支付移植费；如必须砍伐的，由用地单位按实际价值补偿。对于成材林木，由林权所有者自行砍伐，用地单位只付伐工工时费，不予补偿。

（4）土地征收补偿归属。《土地管理法实施条例》第二十六条规定：土地补偿费归农村集体经济组织所有；地上附着物及青苗补偿费归地上附着物及青苗的所有者所有。征收土地的安置补助费必须专款专用，不得挪作他用。需要安置的人员由农村集体经济组织安置的，安置补助费支付给农村集体经济组织，由农村集体经济组织管理和使用；由其他单位安置的，安置补助费支付给安置单位；不需要统一安置的，安置补助费发放给被安置人员个人或者征得被安置人员同意后用于支付被安置人员的保险费用。

国务院《关于深化改革严格土地管理的决定》对土地征收补偿费的分配做出了相应调整，即省、自治区、直辖市人民政府应当根据土地补偿费主要用于被征地农户的原则，制定土地补偿费在农村集体经济组织内部的分配办法。被征地的农村集体经济组织应当将征地补偿费用的收支和分配情况，向本集体经济组织成员公布，接受监督。农业、民政等部门要加强对农村集体经济组织内部征地补偿费用分配和使用的监督。

（5）被征收土地农民享有的权利。被征收土地农民享有以下 16 项权利。

土地所有权及使用权：维护农民集体土地所有权和农民土地承包经营权不受违法行为的侵害。

预征知情权：在征地依法报批前，政府应将预征收土地的用途、位置、补偿标准、安置途径告知被征地农民。

调查结果确认权：预征土地现状调查结果须经被征地农村集体经济组织和农户确认。

申请预征听证权：经农户申请，国土资源部门应依照有关规定组织听证。

参与报批权：被征地农民知情、确认的有关材料为各级政府在征地报批时的必备材料。

批复结果知情权：土地征收批复文件下达后 10 日内，人民政府应将批复结果公告给被征收土地的农民。

土地补偿知情权：土地补偿征收公告后 45 日内，由国土资源局对土地补偿、安置方案进行公告。

调查结果核准权：办理征地补偿登记手续时，对土地行政主管部门的调查结果进一步核准。

补偿方案听证权：对征地补偿、安置方案有不同意见的或者要求举行听证会的，应当在征地补偿、安置方案公告之日起 10 个工作日内向有关市、县人民政府土地行政主管部门提出。

要求公告权和拒绝补偿登记权：未依法进行征用土地公告的，被征地农村集体经济组织、农村村民或者其他权利人有权依法要求公告，有权拒绝办理征地补偿登记手续。

要求公告权和拒绝办理补偿、安置手续权：未依法进行征地补偿、安置方案公告的，被征地农村集体经济组织、农村村民或者其他权利人有权依法要求公告，有权拒绝办理征地补偿、安置手续。

对补偿标准争议权：因未按照依法批准的征用土地方案和征地补偿、安置方案进行补偿，有权提出协调申请；有权提出裁决申请。

拒绝履行政令权：土地补偿费未全额到位有权拒绝交出土地、有权阻止施工。

恢复耕种权：土地征收批复后二年内没有实施，造成土地荒芜的应由批准的政府批准收回，交由原集体经济组织恢复耕种。虽然恢复耕种，并不是国家将征收的土地再退回给农民集体而是给予原土地所有权人的一种耕种权。

违法举报权：任何单位和个人对违法占用土地等行为都有权举报。

享受社保权：征收农民土地的应保障农民的长远生计。

（6）被征收土地农民安置途径。国土资源部《关于完善征地补偿安置制度的指导意见》（国土资发［2004］238 号文件），“关于被征地农民安置途径”明确了这个问题。一般通过以下途径安置被征地农民。

一是农业生产安置。征收城市规划区外的农民集体土地，应当通过利用农村集体机动地、承包农户自愿交回的承包地、承包地流转和土地开发整理新增加的耕地等，首先使被征地农民有必要的耕作土地，继续从事农业生产。

二是重新择业安置。应当积极创造条件，向被征地农民提供免费的劳动技能培训，安排相应的工作岗位。在同等条件下，用地单位应优先吸收被征地农民就业。征收城市规划区内的农民集体土地，应当将因征地而导致无地的农民，纳入城镇就业体系，并建立社会保障制度。

三是入股分红安置。对有长期稳定收益的项目用地，在农户自愿的前提下，被征地农村集体经济组织经与用地单位协商，可以征地补偿安置费用入股，或以经批准的建设用地土地使用权作价入股。农村集体经济组织和农户通过合同约定以优先股的方式获取收益。

四是异地移民安置。本地区确实无法为因征地而导致无地的农民提供基本生产生活条件的，在充分征求被征地农村集体经济组织和农户意见的前提下，可由政府统一组织，实行异地移民安置。

（三）国家征地政策保障被征地农民生产生活和长远生计

2010年国土资源部出台了《关于进一步做好征地管理工作的通知》。这是继2004年《关于完善征地补偿安置制度的指导意见》之后，国土资源部针对征地管理出台的最为全面的一个文件。在内容上进行了改进和完善：用地预审时足额落实征地补偿费，推行征地补偿款预存制度，鼓励单列被征地农民社会保障费用，落实征地房屋拆迁补偿安置有关政策，充分征求被征地农民意见，简化征地批后实施程序，落实征地批后实施反馈制度等方面。

1. 充分认识做好征地拆迁管理工作的重要意义

征地拆迁关系人民群众的切身利益，党中央、国务院对此高度重视，明确要求坚决制止乱占滥用耕地，严格城镇房屋拆迁管理，坚决纠正侵害人民群众利益的问题，切实维护社会稳定。进一步加强征地拆迁管理，妥善处理城市发展和征地拆迁的关系，是贯彻落实全面建成小康社会，维护群众合法权益，构建社会主义和谐社会，促进经济社会可持续发展的一项重要工作。各地区，各部门一定要充分认识做好这项工作的极端重要性，树立全面、协调，可持续的发展观和正确的政绩观，端正城乡建设的指导思想，严格执行国家关于征地拆迁的法律法规和政策规定，严格履行有关程序，坚决制止和纠正违法违规强制征地拆迁行为。要改进工作作风，完善工作机制，下大力气化解征地拆迁中的矛盾纠纷，妥善解决群众的实际困难，维护正常的生产生活秩序和社会和谐稳定。

2. 严格执行农村征地程序，做好征地补偿工作

征收集体土地，必须在政府的统一组织和领导下依法有序开展。征地前要及时进行公告，征求群众意见；对于群众提出的合理要求，必须妥善予以解决，不得强行实施征地。要严格执行省、自治区、直辖市人民政府公布实施的征地补偿标准。要加强对征地实施过程的监管，确保征地补偿费用及时足额支付到位，防止出现拖欠、截留、挪用等问题。征地涉及拆迁农民住房的，必须先安置后拆迁，妥善解决好被征地农户的居住问题，切实做到被征地拆迁农民原有生活水平不降低，长远生计有保障。重大工程项目建设涉及征地拆迁的，要带头严格执行规定程序和补偿标准。

3. 控制城镇房屋拆迁规模，依法依规拆迁

城镇房屋拆迁，必须严格依法规范进行，必须充分尊重被拆迁人选择产权调换、货币补偿等方面的意愿。立项前要组织专家

论证，广泛征求社会各界特别是被拆迁人的意见，并进行社会稳定风险评估。要控制拆迁规模，对于没有经过社会稳定风险评估或群众意见较大的项目，一律不得颁发房屋拆迁许可证。要严格控制行政强制拆迁的数量，实施行政强制拆迁要严格执行相关程序，并报请上一级人民政府备案。程序不合法、补偿不到位、被拆迁人居住条件未得到保障以及未制订应急预案的，一律不得实施强制拆迁。

4. 强化监督管理，依法查处违法违规行为

各地要对所有征地拆迁项目组织开展全面排查清理，重点检查征地程序是否合法。拆迁行为是否规范、补偿安置是否合理、保障政策是否落实等情况，整改排查清理中发现的各种问题。对采取停水、停电、阻断交通等野蛮手段逼迫搬迁，以及采取“株连式拆迁”和“突击拆迁”等方式违法强制拆迁的，要严格追究有关责任单位和责任人的责任。因暴力拆迁和征地造成人员伤亡或严重财产损失的，公安机关要加大办案力度，尽快查清事实，依法严厉惩处犯罪分子。对因工作不力引发征地拆迁恶性事件、大规模群体性上访事件，以及存在官商勾结、权钱交易的，要追究有关领导和直接责任人的责任，构成犯罪的，要依法追究刑事责任。对随意动用公安民警参与强制征地拆迁造成严重后果的，要严肃追究有关党政领导的责任。

5. 健全工作机制，及时化解矛盾纠纷

各地区、各有关部门要严格按照信访评估到位、审批程序到位、政策公开到位、补偿安置到位的要求，建立健全征地拆迁信息沟通与协作机制，及时掌握和化解苗头性、倾向性问题，防止矛盾积累激化。要健全征地拆迁信访工作责任制，加快建立上下贯通的信访信息系统，积极探索征地拆迁矛盾纠纷排查调处机制，采取各种有效方式做好群众思想工作，防止采用简单粗暴方式压制群众，避免因征地拆迁问题引发新的上访事件。地方各级

人民政府和有关部门要深入问题较多的地方去接访、下访，主动倾听群众诉求，把问题解决在初始阶段。各地要加强形势分析与研判，一旦发生恶性事件，要及时启动应急预案，做好稳控工作，防止事态扩大。要加强和改进宣传工作，充分发挥舆论监督和引导的重要作用。

6. 加强协调配合，强化工作责任

各地区、各有关部门要把做好征地拆迁管理工作作为落实中央宏观调控政策和维护社会和谐稳定的重要内容，列入工作的重要议事日程。省、自治区、直辖市人民政府要加强对征地拆迁工作的管理和监督，切实加强对征地拆迁规模的总量调控，防止和纠正大拆大建。市、县人民政府对征地拆迁管理工作负总责，要明确政府分管负责人的责任，对出现群体性事件的，市、县人民政府主要负责人要亲临现场做好相关工作。有关部门要加强协作，密切配合，加强对各地征地拆迁工作的指导监督，联合查处典型案例，研究完善相关政策措施，及时向国务院报告重要情况。

专题四　农业用地政策与使用管理

一、农业用地范围

农业用地是直接或间接为农业生产所利用的土地，又称农用地，包括耕地、园地、林地、牧草地、养殖水面、农田水利设施用地，以及田间道路和其他一切农业生产性建筑物占用的土地等。

（一）我国农业用地资源组成概况

我国自 1986 年成立国家土地管理局后开展了全国第一次土地详查，然后自乡（镇）、县、市、省到国家逐级汇总，到 1996 年底统计出全国土地状况由表 4-1 可见，在土地资源组成中，农用地 63 373.65 万公顷，占总面积的 66.01%。

表 4-1　1996 年全国土地资源概况

类型	面积/万公顷	比例/%	类型	面积/万公顷	比例/%
总面积	96 000	100.00	居民点及工矿用地	2 407.53	2.51
耕地	13 003.92	13.55	交通用地	546.77	0.57
园地	1 002.38	1.04	水域	4 300.00	4.48
林地	22 760.87	23.71	未利用土地	25 372.05	26.43
牧草地	26 606.48	27.72			

* 数据来源于国土资源部国家统计局全国农业普查办公室

根据国土资源 2008 年公报，2008 年全国主要地类面积为：

耕地 12 171.60 万公顷，占比 12.88%，林地 23 606.67 万公顷，占比 24.72%，园地 1 180.00 万公顷，占比 1.19%，牧草地 26 180.00 万公顷，占比 27.63%，其他农用地 2 546.67 万公顷，占比 2.69%，城镇村及独立工矿区用地 2 693.33 万公顷，占比 2.71%，交通用地 246.67 万公顷，占比 0.23%，水利设施用地 366.67 万公顷，占比 0.38%，其余为未利用地。

（二）我国农业用地的特点及存在问题

1. 农业用地资源分布不均

目前我国的农业用地资源分布情况如下：东部地区土地利用高、条件较好，可利用性强，土地利用效益较高；西部地区，土地利用率较低，利用条件较差，可利用性弱，土地利用效益低；但西部地区，资源丰富，地域广阔，具有较大的开发潜力。大兴安岭—河北张家口—陕北榆林—甘肃兰州—青藏高原东南边缘为一线。此线以东，耕地占全国总耕地的 88.4%，林地占全国林地的 75.5%，为耕地集中地带和重要经济林区，经济发达，城市密集，交通便利，土地利用率、生产率、垦殖率高，土地利用效益高；此线以西，为干旱、半干旱、高寒区。耕地、林地面积少，牧草地占全国牧草地面积的 80%，是全国最主要的牧业区，全国难利用土地集中分布区，土地质量差，农业用地资源利用结构简单，利用程度、生产率均较低，利用效益差。秦岭—淮河以北，土地面积占全国土地总面积的 79.9%，耕地占全国耕地的 46.3%，旱地占全国旱地的 60%，水浇地占全国水浇地的 63.2%，是我国旱作农业区。林地占全国林地的 22.7%，是全国重要林业生产基地，北方暖温带的水果产区；秦岭—淮河以南，土地仅占全国的 20.1%，但自然环境条件优越，土地利用率高，土地利用效益高，经济发达。

2. 人均农业用地少，压力大

我国耕地面积居世界第 4 位，林地居第 8 位，草地居第 2

位，但人均占有量很低。世界人均耕地0.37公顷，我国人均仅0.09公顷；人均草地，世界平均为0.76公顷，我国为0.35公顷。发达国家1公顷耕地负担1.8人，发展中国家负担4人，我国则需负担8人。有关资料显示，我国人多地少的矛盾相当突出，在人口不断增加的同时，农业用地面积逐年减少，并且现有的耕地也存在因管理不当而导致的土壤肥力水平降低现象，我国70%~80%的耕地养分不足，土壤污染退化、土壤的侵蚀等也都严重威胁到土壤的总量和土壤的质量。尽管我国已解决了近世界1/5人口的温饱问题，但也应注意到，人均耕地将逐年减少，土地的人口压力将愈来愈大。

3. 耕地总体质量差，生产力低下

根据中国农业科学院调查分析，我国耕地中，中低产田面积约占总耕地面积的67.84%。其中华北地区中低产田占该区总耕地面积的70.6%，全国中低产田大致有以下6种类型：瘠薄地、坡耕地、干旱缺水地、盐碱地、渍涝地、风沙地，其中瘠薄地在中低产田中占比最高，达36.34%，可见中低产田培肥地力问题亟待解决。造成土地生产力低的主要原因是水土流失、土地退化等。全国土地中有30%的土地存在水土流失问题，60%的土地面临土地退化问题，土地坡度在15度以上的占13.6%，大于25度的耕地面积达607万公顷。全国耕地中有灌溉设施的仅占40.56%。根据2009年中国耕地质量等级调查与评定成果，全国土地分为15等，1等耕地质量最好，15等最差。全国平均等级为9.80等，1~4等、5~8等、9~12等、13~15等分别定义为优等地、高等地、中等地和低等地，分别占耕地面积的2.67%，29.98%、50.46%和16.71%。

4. 农业用地资源退化严重，耕地面积减少快

不合理开发利用土地，造成土地退化和破坏，土地生态环境日益恶化，主要表现为：水土流失面积逐年增加，荒漠化面积不

断扩大，草原退化严重，土地环境污染日趋加重。1949—1957年8年期间，全国耕地面积增加1 400万公顷（1957年25.16亿亩，中国耕地面积峰值），主要是全国12个大垦区开荒的结果。从1958年开始，全国耕地面积开始减少。1958—1985减少1 700万公顷，每年减少44.3万公顷。1986—1995减少1 000万公顷，同期开发新增加500万公顷，实际减少500万公顷。1996—2008年，净减少83万公顷，平均每年减少69.47万公顷。2008年全国耕地净减少4.07万公顷，减幅0.03%。其中建设占用耕地18.83万公顷，同比减少27.2%；生态退耕2.54万公顷，减少92.5%；灾毁耕地1.79万公顷，减少50.0%，农业结构调整减少耕地0.49万公顷，减少87.9%。以上4项共减少耕地23.65万公顷。同期土地整理复垦开发补充耕地19.58万公顷，超过建设占用耕地4.0%。

二、农业用地分类

（一）农业用地分类办法

《土地管理法》第四条规定：国家实行土地用途管制制度，国家编制土地利用总体规划，规定土地用途，将土地分为农用地、建设用地和未利用地。农用地，指直接用于农业生产的土地。包括耕地、林地、草地、农田水利用地、养殖水面等。

土地利用现状分类。《全国土地分类》(2002年标准）把土地分为农用地、建设用地和未利用地3个一级类；其中农用地分为耕地、园地、林地、牧草地、其他农用地5个二级地类；二级农用地类里又分出水浇地、旱地27个三级农用地类型见表4-2。

表 4-2　全国土地分类（2002 年标准）

一级类		二级类		三级类		含义
编号	名称	编号	名称	编号	名称	
1	农用地					直接用于农业生产的土地，包括耕地、园地、林地、牧草地及其他农用地
		11	耕地			指种植农作物的土地，包括熟地、新开发、复垦整理地、休闲地、轮歇地、草田轮作地；以种植农作物为主，间有零星果树、桑树或其他树木的土地；平均每年能保证收获一季的已垦滩地和海涂。耕地中还包括南方宽<1.0m、北方宽<2.0m 的沟渠路和田埂
				111	灌溉水田	指有水源保证和灌溉设施，在一般年景能正常灌溉，用于种植水生作物的耕地，包括灌溉的水旱轮作地
				112	望天田	指无灌溉设施，主要依靠天然降雨，用于种植水生作物的耕地，包括无灌溉设施的水旱轮作地
				113	水浇地	指水田、菜地以外，有水源保证和灌溉设施，在一般年景能灌溉的土地
				114	旱地	指无灌溉设施，主要靠天然降水种植旱生农作物的耕地，包括没有灌溉设施，仅靠引洪淤灌的耕地
				115	菜地	指常年种植蔬菜为主的耕地，包括大棚用地
		12	园地			指种植以采集果叶、根茎等为主的多年生木本和草本作物（含其苗圃），覆盖度大于 50%或每亩有收益的株数达到合理株数 70%的土地
				121	果园	指种植果树的园地
				122	桑园	指种植桑树的园地
				123	茶园	指种植茶树的园地
				124	橡胶园	指种植橡胶树的园地
				125	其他园地	指种植葡萄、可可、咖啡、油棕、胡椒、花卉、药材等其他多年生作物的园地
		13	林地			指生长乔木、竹类、灌木、沿海红树林的土地，不包括居民点绿地，以及铁路、公路、河流、沟渠的护路、护岸林
				131	有林地	指树木郁闭度>20%的天然、人工林地
				132	灌木林地	指覆盖度大于 40%的灌木林地
				133	疏林地	指树木郁闭度大于 10%但小于 20%的疏林地
				134	未成林造林地	指造林成活率大于或等于合理造林数的 41%，尚未郁闭但有成林希望的新造林地（一般指造林后不满 3~5 年或飞机播种后不满 5~7 年的造林地）
				135	迹地	指森林采伐、火烧后，5 年内未更新的土地
				136	苗圃	指固定的林木育苗地

（续表）

一级类		二级类		三级类		含义
编号	名称	编号	名称	编号	名称	
1	农用地	14	牧草地			指生长草本植物为主，用于畜牧业的土地
				141	天然草地	指以天然草本植物为主，未经改良，用于放牧或割草的草地，包括以牧为主的疏林、灌木草地
				142	改良草地	指采用灌溉、排水、施肥、松耙、补植等措施进行改良的草地
				143	人工草地	指人工种植牧草的草地，包括人工培植用于牧业的灌木地
		15	其他农用地			指上述耕地、园地、林地、牧草地以外的农用地
				151	畜禽饲养地	指以经营性养殖为目的的畜禽舍及其相应附属设施用地
				152	设施农业用地	指进行工厂化作物栽培或水产养殖的生产设施用地
				153	农村道路	指农村南方宽大于1.0m、北方宽大于2.0m的村间、田间道路（含机耕道）
				154	坑塘水面	指人工开挖或天然形成的蓄水量小于10万 m^3（不含养殖水面）的坑塘正常水位以下的面积
				155	养殖水面	指人工开挖或天然形成的专门用于水产养殖的坑塘水面及相应附属设施用地
				156	农田水利用地	指农民、农民集体或其他农业企业等自建或联建的农田排灌沟渠及其相应附属设施用地
				157	田坎	主要指耕地中南方宽大于1.0m、北方宽大于2.0m的梯田、田坎
				158	晒谷场等用地	指晒谷场及上述用地中未包含的其他农用地
2	建设用地	……			……	……
3	未利用地	……			……	……

1. 耕地

指种植农作物的土地，包括熟地、新开发、复垦、整理地、休闲地（含轮歇地、轮作地）；以种植农作物（含蔬菜）为主，间有零星果树、桑树或其他树木的土地；平均每年能保证收获一季的已垦滩地和海涂。耕地中包括南方宽度<1.0m、北方宽度<2.0m固定的沟、渠、路和地坎（埂）；临时种植药材、草皮、花卉、苗木等的耕地，以及其他临时改变用途的耕地。

根据《土地利用现状分类》（GB/T 21010—2017）办法，耕地又分为水田、水浇地和旱地。

（1）水田。水田：指筑有田埂（坎），可以经常蓄水，用来种植水稻、莲藕等水生作物的耕地。因天旱暂时没有蓄水而改种旱地作物的，或实行水稻和旱地作物轮种的（如水稻和小麦、油菜、蚕豆等轮种），仍计为水田。面积约占耕地总面积的26%。

水田分布情况。其分布范围相当广泛，南自海南岛，北至黑龙江省北部，东至台湾省，西到新疆维吾尔自治区的伊犁河谷和喀什地区。从地势低洼的沼泽地到海拔超过2 700 m的云贵高原都有水田分布。其中以秦岭、淮河一线以南，约占全国水田总面积93%，其余地区水田面积很小、分布零散。在南方地区，又以长江中下游平原，四川盆地、珠江三角洲平原等地水田集中连片，水网密布，水源充足，灌溉方便，加上人口稠密，劳动力充裕，集约化程度高，农业生产发达，土地利用率高，是我国重要的粮、棉、油生产基地。东南丘陵、华南及台湾省等地水田主要分布在丘陵、山间盆地及沿海平原地区，灌溉条件较好，耕作经营较集约，土地利用水平较高，粮食产量水平较高，农业生产在全国占有一定地位。西南云贵高原地区水田主要分布在河谷、盆地及丘陵区，水田质量差，有相当比重的水田为“雷响田”，缺乏水源保证，加上劳力少，耕地经营较粗放，土地利用率较低，农业生产欠发达。

（2）水浇地。是指旱地中有一定水源和灌溉设施，在一般年景下能够进行正常灌溉，种植旱生农作物的耕地。由于雨水充足在当年暂时没有进行灌溉的水浇地，也应包括在内。

（3）旱地。是指没有固定水源和灌溉设施，不能进行正常灌溉，主要靠天然降水种植旱生农作物的耕地。

旱地分布情况：其分布遍及全国各地。和水田相反，旱地主要分布在秦岭、淮河一线以北，约占全国旱地总面积85%。其中以东北平原、黄淮海平原最为集中，约占全国旱地总面积的60%，其次是黄土高原、宁夏回族自治区、内蒙古自治区及西北地区的山前冲积平原、河套平原及绿洲，呈树枝状或带状分布，面积约占全国的25%。此外，我国南方，尤其是西南地区也有旱地呈串珠状分布，面积约占全国的15%。

2. 园地

园地是指种植以采集果、叶为主的集约经营的多年生木本和草本植物，覆盖度在0.5以上的或每亩株数大于合理株数70%以上的土地，包括用于育苗的土地。园地包括果园、桑园、茶园、其他园地等。

3. 林地

按土地利用类型划分，林地是指生长乔木、竹类、灌木及沿海生长红树林的土地，包括用材林、经济林、薪炭林和防护林等各种林木的成林、幼林和苗圃等所占用的土地。不包括居民绿化用地，以及铁路、公路、河流、沟渠的护路、护草林。

在《中华人民共和国森林法实施条例》中，对林地所作的解释是："林地包括郁闭度0.2以上的乔木、林地、竹林地、灌木林地、疏林地，采伐迹地，火烧迹地，未成林造林地，苗圃地和县级以上人民政府规划的宜林地。"

林地又分有林地、灌木林地、疏林地、未成林造林地，迹地和苗圃6个二级地类。

林地分布情况：据统计，全国森林面积约18.3亿亩，森林覆盖率只有12.7%。森林面积小，分布不均衡，其中比较集中成片的有东北大、小兴安岭、长白山和西藏东南部地区；其次是西南地区的川西、滇西北地区。此外，新疆的天山地段、秦岭大巴山、湖北的神农架、东南丘陵地区，海南南部及台湾中部等地也有较集中的森林分布，其余地区森林面积小而分散。

4. 草地

草地是生长草本和灌木植物为主的土地。它具有特有的生态系统，是一种可更新的自然资源，是发展草地畜牧业最基本的生产资料和基地。

草地，包括天然草地和人工草地，总面积约 47.5 亿亩，占全国土地总面积的 3.9%，天然草地包括草原草地和草山草坡。草原草地主要分布在我国的西北部和西部，以内蒙古、甘肃、宁夏、青海、新疆、西藏等省（区）面积最大，分布最广，集中连片。草山草坡主要分布在南方山区，面积较大，与林地交错分布，牧草生产茂盛，质量较好，但目前尚未充分利用。改良草地主要分布在水土条件较好的草原牧区和半农业牧区，面积较小，但产草量较高。

5. 农田水利用地

指农民、农民集体或其他农业企业等自建或联建的农田排灌沟渠及其相应附属设施用地。农田水利还包括一些具有明显地区特征的类型，如黄淮海平原旱涝碱综合治理、盐碱地改良、圩区水利、牧区水利和垦荒水利等。

6. 养殖水面

养殖水面是人工开挖或天然形成的专门用于水产养殖的坑塘水面及相应附属设施用地。

据中国农业部资料，1994 年全国坑塘养殖面积达 1 747.5 公顷（2 621.3 万亩），占内陆养殖总面积 4 429.8 公顷的 39.5%，而渔业产量却占内陆渔业总产量的 75%以上。坑塘水面是发展内陆养殖业的主体。

根据《土地利用现状分类》国家标准（GBT 21010—2017），

采用土地综合分类方法，根据土地的利用现状和覆盖特征，采用二级分类体系。把土地分为包括耕地、园地、林地、草地等12个一级类，57个二级类。详细内容参照《土地利用现状分类》国家标准（GBT 21010—2017）分类办法（此处略）。

（二）农业用地地类的认定

1. 耕地的认定

（1）按照耕地的类别，以下情况确认为耕地：种植农作物的土地；新增耕地；不同耕作制度，种植和收获农作物为主的土地；被临时占用的耕地；受灾但耕作层未被破坏的耕地；被人为撂荒的耕地；其他情况。

（2）下列土地不能确认为耕地。已开始实质性建设（以施工人员进入、工棚已修建、塔吊等建筑设备已到位、地基已开挖为标志，下同）的耕地。包括江、河、湖、水库等常水位线以下耕地；路、果、堤、堰等种植农作物的边坡、斜坡地；在耕地上，建造保护设施，工厂化种植农作物等的土地，如长期固定的日光温室、大型温室等；农民庭院中种植的农作物，如蔬菜等的土地；受灾、耕作层被破坏无法恢复耕种的耕地；由于水、电工程需要，改善生存环境等因素，农民整建制或部分移民造成荒芜的耕地；耕地已被征用，有完整、合法用地手续，调查时实地没有实质性建设的土地。称为“批而未用”土地，按建设用地确认。

水田的认定

水田包括常年种植水稻、茭白、菱角、莲藕（荷花）、荸荠（马蹄）等水生农作物的耕地；因气候干旱或缺水，暂时改种旱生农作物的耕地；实行水稻等水生农作物和旱生农作物轮种的耕地。

旱地的认定

指除水田、水浇地以外的耕地。

2. 园地的认定

（1）下列土地确认为园地。集约经营的果树、茶树、桑树、橡胶树及其他园艺作物，如可可、咖啡、油棕、胡椒、药材等的土地；果农、果林、果草间作、混作、套种、套栽，以收获果树果实为主的土地；园地中，直接为其服务的用地，如粗加工场所、简易仓库等附属用地；专门用于果树苗木培育、林业苗圃以外花圃，如制作花茶用花圃等的土地；科研、教学建筑物（如教学、办公楼等）等建设用地范围以外的，种植果树为主，直接用于科研、教学、试验基地的土地。

（2）下列土地不能确认为园地。果林间作，果树覆盖度或合理株数小于标准指标的土地；粗放经营的核桃、板栗、柿子等干果的土地；农民在自家庭院种植果树的土地；可调整园地。

3. 林地的认定

（1）下列土地确认为林地。生长郁闭度≥0.1的乔木、竹类；生长覆盖度≥40%灌木的土地；林木被采伐或火烧后5年未更新的土地；粗放经营的核桃、板栗、柿子等干果果树的土地；林地中，修筑的直接为林业生产服务的设施，如培育苗木（苗圃）、种子生产、存储种子等的土地；用于树木科研试验、示范的林业基地（不包括其教学楼、实验楼等建设用地）。

（2）下列土地不能确认为林地。城市建制镇内部（包括其内部公园），种植绿化林木的土地；与农村居民点四周相连且不够最小上图标准，生长乔木、竹类、灌木的土地；林带一般为一行乔木或灌木的土地；墓地中生长乔木、竹类、灌木的土地；森林公园、自然保护区、地质公园等中修建的建（构）筑物的土地；临时用于树木育苗的耕地。

4. 草地的认定

（1）下列土地确认为草地。自然生长草本植物为主的土地；人工种植、管理、生长草本植物的土地；草本植物、林木、灌木

混合生长无法区分，且以草本植物为主的土地；草地中，直接用于放牧、割草等服务设施的土地；用于对草本植物进行科学研究、试验、示范的土地（不包括其教学、实验用等的建设用地）。

（2）下列土地不能确认为草地。城镇内部、公园内用于美化环境和绿化的土地；在路、渠、堤、堰等的边坡、斜坡和田坎上生长草本植物的土地；草本植物、树木、灌木混合生长无法区分，且林木、灌木为主的土地；由于自然灾害造成耕地耕作层破坏，而自然生长草本植物，但经简单整理后能恢复耕种的耕地；墓地等自然或人工种植生长草本植物的土地；耕地人为撂荒，自然生长草本植物的土地。

5. 其他农用地的认定

（1）设施农用地的认定。

下列土地确认为设施农用地

修建具有较正规固定设施，如日光温室、大型温室（具有加热、降温、通风、遮阳、滴灌等控制系统）、水产养殖建筑物（或温室）和设备（如控温、控氧、控流速设备等）、畜禽舍建筑物，用于工厂化作物栽培、水产养殖、畜禽养殖的土地，以及农村居民点以外，固定用于晾晒场的土地。

下列土地不能确认为设施农用地

搭建的简易塑料大棚，用于农作物、蔬菜等育秧（栽培）的土地；被地膜覆盖、种植农作物的土地；农村居民点以外，用于临时性晾晒场的土地；农村居民点内部，用于晾晒场的土地。

（2）水域及水利设施用地的认定。

下列土地确认为水域及水利设施用地

长年被水（液态或固态）覆盖的土地。如河流湖泊、水库、坑塘、沟渠冰川等；季节性干涸的土地，如时令河等；常水位岸线以上，洪水位线以下的河滩、湖滩等内陆滩涂；为了满足发电、灌溉、防洪、挡潮、航行等而修建各种水利工程设施的土地。

下列土地不能确认为水域及水利设施用地

因决堤、特大洪水等原因临时被水淹没的土地；耕地中用于灌溉的临时性沟渠；城镇、农村居民点厂矿企业等建设用地范围内部的水面，如公园内的水面；修建以路为主海堤、河堤、塘堤的土地。

（3）坑塘水面的认定。

下列土地确定为坑塘水面

陆地上人工开挖或在低洼地区汇集的，蓄水量小于10万 m^3，不与海洋发生直接联系的水体，常水位岸线以下，用于养殖或非养殖的土地。包括塘堤、人工修建的塘坝、堤坝；坑塘范围内生长芦苇的土地；坑塘范周内，由于季节性等原因造成临时性干枯或种植农作物等的土地；连片坑塘密集区，坑塘之间只能用于人行走的埂。

下列土地不能确认为坑塘水面

坑塘之间可用于交通（通行机动车）的埂或堤。

（4）沟渠的认定。

下列土地确认为沟渠

渠槽宽度（含护坡）南方≥1.0m，北方≥2.0m，人工开挖、修建、长期用于引水、灌水、排水水道的土地；与渠槽两侧毗邻，种植防护行树、防护灌木的土地；支承渡槽桩柱的土地；地面上，敷设倒虹吸管的土地。

下列土地不能确认为沟渠

耕地、园地、草地等内，开挖临时性水道的土地。

（5）田坎的认定。耕地中南方宽度≥1.0m，不以通行为主的地坎。

三、农业用地政策

农业用地政策指耕地保护政策；设施农业用地政策；林地保护、草地保护政策等，重点介绍耕地保护政策。

耕地保护政策包括：基本国策；土地用途管制制度；耕地总量动态平衡制度；基本农田保护区；土地开发、复垦与整理等。

（一）保护耕地是我国的一项基本国策

《土地管理法》第三条："十分珍惜、合理利用土地和切实保护耕地是我国的基本国策。各级政府应当依法采取措施，全面规划，严格管理，保护、开发土地资源，制止非法占用土地的行为。"

耕地是十分宝费的资源，具有非常重要的价值功能。我国人多地少，耕地资源不足，耕地问题将是长期制约国民经济发展的重要因素，耕地保护对中国社会经济的平稳健康发展有着特别重要的意义。党的十七届三中全会《中共中央关于推进农村改革发展若干重大问题的决定》要求我们必须建立严格的耕地保护和节约用地制度，以达到既有的耕地保护目标。保护耕地作为一项基本国策，必须长期坚持。

1. 耕地保护的目标

耕地保护包括耕地数量的保护和耕地质量的保护。根据国务院批准实施的（《全国土地利用总体规划纲要（2006—2020)》），规划期内努力实现以下土地利用目标：守住 18 亿亩耕地红线，全国耕地保有量到 2010 年和 2020 年分别保持在 12 120 万公顷（18. 18 亿亩）和 12 033. 33 万公顷（18. 05 亿亩）。规划期内，确保 10 400 万公顷（15. 6 亿亩基本农田数量不减少、质量不降低。

目前我国耕地保护仍面临很大压力。

（1）农民建房占用不少耕地。改革开放以来，农村经济有了长足的进步，农民的收入增加了，随之而来的是大多数富裕起来的农民把修房盖房作为投资的重点，各地农村掀起了持续多年的建房热潮。但是，由于缺乏统一的建设规划及政府的有效引导，土地管理部门又监管不严，许多农村呈现出居民点向公路两侧和村外围发展，路边店随处可见，而且宅基地的占地面积不断扩大，大量占用耕地。

（2）基础设施建设占用大量耕地。加速经济发展特别是加快基础设施建设进而导致基础设施建设用地需求增加，经济建设与保护耕地的矛盾日益突出。土地利用总体规划所确定的非农建设占用耕地指标不足，已是一个普遍存在的问题。前些年，中央提出实行积极的财政政策，加大基础设施投资；加快城镇化发展，实施小城镇战略；实施西部大开发战略；这些战略的实施无疑将占用更多的耕地，土地利用总体规划所确定的建设用地规模将会提前实现。

（3）城市无限制外延扩展占用大量耕地。1988—2001 年，我国城市化进程不断加快，城市数目由 434 个发展到 662 个，小城镇的数目由 11 481 个发展到 20 374 个。城市化水平的不断提高不仅意味着城市面积的不断扩大，而且意味着城市发展对土地资源的需求日益增大。近年来由于片面追求城市化无视土地规划，盲目扩大城区，违规设立各类开发区、园区、大学城，大量的无序占地造成大量的耕地闲置浪费。

（4）生态退耕和农业结构调整占用大量耕地。中国是生态系统脆弱的国家，特别是进入 20 世纪末期，生态系统呈现急剧恶化，退耕还林、退耕还牧以及农业结构内部的调整，必然导致耕地数量的减少。

2. 坚持实行最严格的耕地保护政策的意义

我国正处于城镇化、工业化快速发展阶段，今后建设用地的供需矛盾会更加突出，农用地特别是耕地保护面临更加严峻的形

势；推进城乡统筹和区域一体化发展，将拉动区域性基础设施用地的进一步增长；建设社会主义新农村，还将需要一定规模的新增建设用地周转支撑。但是，随着耕地保护和生态建设力度的加大，我国可用作新增建设用地的空间十分有限，各项建设用地的供给面临前所未有的压力。地方政府违法违规用地比例高，违规违法形式多，违规违法用地现象屡禁不止，遏制违规违法用地的形势非常严峻。

（1）坚持最严格的耕地保护制度，关系粮食安全和十几亿人口的吃饭问题。粮食始终是我国经济发展、社会稳定和国家安全的基础，任何时候都不能出现闪失。我国人均耕地少，不足世界平均水平的40%。优质耕地更少，后备资源不足，且60%以上分布在水源不足和生态脆弱地区，制约了我国耕地资源补充的能力。只有实行最严格的耕地保护制度，坚守18亿亩耕地红线，才能确保我国十几亿人口的吃饭问题安全无忧。

（2）坚持最严格的耕地保护制度，关系经济安全和经济增长方式的转变。30多年改革开放取得了举世瞩目的成就，同时也付出了资源环境破坏过大的代价，现实中耕地保护的效果不尽如人意，优质耕地流失速度惊人。1997—2007年的11年间，我国耕地总面积减少了1.25亿亩。如果不加以遏制这些现象，经济增长方式的转变就难以有效推进，经济增长的质量和效率就会受到影响。

（3）坚持最严格的耕地保护制度，是维护广大农民土地权益、促进农村经济社会发展的重要保障。耕地仍然是我国9亿农民的“命根子”，必须有力地维护农民在土地上的合法权益。不能随意将农民赖以生存的土地改作别的用途。保有一定量的耕地，是我国经济社会保持稳定的重要前提。坚持最严格的耕地保护制度，就是以人为本，维护农民及其土地权益的重要体现。要明确和落实耕地保护责任，对不能很好履行耕地保护责任的地方政府，要坚决追究责任，严肃查处。另外，要运用更加有力的利益激励机制，调动起社会各界特别是农民和地方政府保护耕地的积极性。

（二）土地用途管制制度

《土地管理法》第四条："国家实行土地用途管制制度。国家编制土地利用总体规划，规定土地用途，将土地分为农用地、建设用地和未利用地。严格限制农用地转为建设用地，控制建设用地总量，对耕地实行特殊保护。前款所称农用地是指直接用于农业生产的土地，包括耕地、林地、草地、农田水利用地、养殖水面等；建设用地是指建造建筑物、构筑物的土地，包括城乡住宅和公共设施用地、工矿用地、交通水利设施用地、旅游用地、军事设施用地等；未利用地是指农用地和建设用地以外的土地。使用土地的单位和个人必须严格按照土地利用总体规划确定的用途使用土地。"

土地用途管制制度是《土地管理法》确定的加强土地管理的基本制度，指国家为保证土地资源的合理利用以及经济、社会的发展和环境的协调，通过编制土地利用总体规划，划定土地用途区域，确定土地使用限制条件，使土地的所有者、使用者严格按照国家确定的用途利用土地而采取的管理制度。土地用途管制制度由一系列具体制度和规范组成，具有法律效力和强制性。通过严格按照土地地利用总体规划确定的用途和土地利用计划的安排使用土地，严格控制占用农用地特别是耕地，实现土地资源合理配置，合理利用，从而保证耕地数量稳定。

其中，土地按用途分类是实行用途管制的基础；土地利用总体规划是实行用途管制的依据；农用地转为建设用地必须预先进行审批，这是关键；而保护农用地则是国家实行土地用途管制的目的；核心是切实保护耕地，保证耕地总量动态平衡，对基本农田实行特殊保护，防止耕地的破坏、闲置和荒芜，开发未利用

地、进行土地的整理和复垦；强化土地执法监督，严肃法律责任是实行土地用途管制的保障。

土地用途管制的目标：通过用途管制实现土地的合理利用、持续利用。土地用途管制的重点是保护耕地。也就是说，对各类土地使用和用途管制的同时，给耕地以特殊保护，包括数量上的和质量上的保护，即实现耕地总量动态平衡。实行土地用途管制制度，可以严格控制建设用地总量，促进集约利用，提高资源配置效率，有利于建设用地市场的正常化和规范化。

1. 土地用途管制的内容和特点

（1）土地用途管制的内容包括：土地按用途进行合理分类，通过土地利用总体规划规定土地用途和土地使用条件，土地登记注明土地用途、对用途变更实行审批制，实行土地利用监督管理，对违反土地利用总体规划的行为严格查处等。具体来说，国家编制土地利用总体规划，规定土地用途，将土地分为农用地、建设用地和未利用地，通过严格限制农用地转为建设用地，控制建设用地总量，对耕地实行特殊保护，使用土地的单位和个人按照土地利用总体规划确定的用途使用土地。

（2）土地用途管制制度的特点。土地用途是由代表国家长远和全局利益的中央政府通过各级土地利用总体规划确定的，土地用途一经确定，即具有法律效力，任何单位和个人都不得擅自改变。土地用途一经确定，任何单位和个人都必须按照规定的用途使用土地，即具有强制性。违反规定的用途使用土地的行为属于违法行为，要受到法律的制裁。

2. 土地用途管制的步骤

实施土地用途管制首先解决的技术问题，就是现有土地用途的明确界定，即界定农用地、建设用地和未利用土地的位置、界线、面积，并反映到土地利用现状图上，予以公布，作为土地用途管制的基础。土地利用总体规划就是通过制定各项用地控制指标（面积），划分土地利用区，规定土地用途，限制不合理土地利用和开发，为国民经济与社会发展提供土地保障。可看出土地利用总体规划是土地用途管制的重要组成部分，其任务内容与土地用途管制的技术要求一致，是土地用途管制的基础。

3. 土地用途分区的划定与管制

土地用途分区是指在各级土地利用总体规划中，主要是在县、乡土地利用总体规划中，依据土地资源特点、社会经济持续发展的要求和上级下达的规划控制指标及布局要求，划分出的主要用途相对一致的区域。

县级土地利用总体规划用途分区及用途管制规定

县级规划编制，应结合实际划定基本农田保护区、一般农地区、城镇村建设用地区、独立工矿区、风景旅游用地区、生态环境安全控制区、自然与文化遗产保护区、林业用地区和牧业用地区。

（1）基本农田保护区［见下一条农业用地政策（三）基本农田保护制度］。

（2）一般农地区。下列土地可划入一般农地区：除已划入基本农田保护区、建设用地区等土地用途区的耕地外，其余耕地原则上划入一般农地区；现有成片的果园、桑园、茶园、橡胶园等种植园用地；畜禽和水产养殖用地；城镇绿化隔离带用地；规划期间通过土地整治增加的耕地和园地；为农业生产和生态建设服务的农田防护林、农村道路、农田水利等其他农业设施，以及农田之间的零星土地。

一般农地区土地用途管制规则包括：区内土地主要为耕地、园地、畜禽水产养殖地和直接为农业生产服务的农村道路、农田水利、农田防护林及其他农业设施用地；区内现有非农业建设用地和其他零星农用地应当优先整理、复垦或调整为耕地，规划期间确实不能整理、复垦或调整的，可保留现状用途，但不得扩大

面积；禁止占用区内土地进行非农业建设，不得破坏、污染和荒芜区内土地。

(3) 城镇村建设用地区。下列土地应当划入城镇村建设用地区：现有的城市、建制镇、集镇和中心村建设用地；规划预留城市、建制镇、集镇和中心村建设用地；开发区（工业园区）等现状及规划预留的建设用地。

规划期间应整理、复垦的城镇、村庄和集镇用地，不得划入城镇村建设用地区。划入城镇村建设用地区的面积要与城镇、农村居民点建设用地总规模相协调。

城镇村建设用地区土地用途管制规则包括：区内土地主要用于城镇、农村居民点建设，与经批准的城市、建制镇、村庄和集镇规划相衔接；区内城镇村建设应优先利用现有低效建设用地、闲置地和废弃地；区内农用地在批准改变用途之前，应当按现用途使用，不得荒芜。

(4) 林业用地区。下列土地应当划入林业用地区：现有成片的有林地、灌木林、疏林地、未成林造林地、迹地和苗圃（已划入其他土地用途区的林地除外）；已列入生态保护和建设实施项目的造林地；规划期间通过土地整治增加的林地；为林业生产和生态建设服务的运输、营林看护、水源保护、水土保持等设施用地及其他零星土地。

林业用地区土地用途管制规则

区内土地主要用于林业生产，以及直接为林业生产和生态建设服务的营林设施；区内现有非农业建设用地，应当按其适宜性调整为林地或其他类型的营林设施用地，规划期间确实不能调整的，可保留现状用途，但不得扩大面积；区内零星耕地因生态建设和环境保护需要可转为林地；未经批准，禁止占用区内土地进行非农业建设，禁止占用区内土地进行毁林开垦、采石、挖沙、取土等活动。

（5）牧业用地区。下列土地应当列入牧业用地区：现有成片的人工、改良和天然草地（已划入其他土地用途区的牧草地除外）；已列入生态保护和建设实施项目的牧草地；规划期间通过土地整治增加的牧草地；为牧业生产和生态建设服务的牧道、栏圈、牲畜饮水点、防火道、护牧林等设施用地：牧业用地区土地用途管制规则；区内土地主要用于牧业生产，以及直接为牧业生产和生态建设服务的牧业设施；区内现有非农业建设用地应按其适宜性调整为牧草地或其他类型的牧业设施用地，规划期间确实不能调整的，可保留现状用途，但不得扩大面积：未经批准，严禁占用区内土地进行非农业建设，严禁占用区内土地进行开垦、采矿、挖沙、取土等破坏草原植被的活动。

（三）基本农田保护制度

《土地管理法》第三十四条：国家实行基本农田保护制度。

各省、自治区、直辖市划定的基本农田应当占本行政区域内耕地的80%以上。

1. 基本农田保护区的含义

《基本农田保护条例》第二条 国家实行基本农田保护制度。

本条例所称基本农田，是指按照一定时期人口和社会经济发展对农产品的需求，依据土地利用总体规划确定的不得占用的耕地。

本条例所称基本农田保护区，是指为对基本农田实行特殊保护而依据土地利用总体规划和依照法定程序确定的特定保护区域。

基本农田是以战略高度出发，为了满足一定时期人口和国民经济对农产品的需求而必须确保的耕地的最低需求量。基本农田是粮食生产的重要基础，保护基本农田是耕地保护工作的重中之重，对保障国家粮食安全，维护社会稳定，促进经济社会全面、协调、可持续发展具有十分重要的意义。

2. 基本农田保护区划定

制定和实施土地利用总体规划以及涉及土地利用的相关规划，必须将保护耕地特别是基本农田作为重要原则。依据土地利用总体规划划定的基本农田保护区，任何单位和个人不得违法改变或占用。严禁违反法律规定擅自通过调整县、乡级土地利用总体规划，改变基本农田区位，把城镇周边和交通沿线的基本农田调整到其他地区。农业建设用地布局要符合土地利用总体规划，不得以产业结构调整的名义改变基本农田的数量和布局。涉及占用基本农田的土地利用总体规划修改或调整均须依照有关规定报国务院或省级人民政府批准。

《基本农田保护条例》第八条 各级人民政府在编制土地利用总体规划时，应当将基本农田保护作为规划的一项内容，明确基本农田保护的布局安排、数量指标和质量要求。

县级和乡（镇）土地利用总体规划应当确定基本农田保护区。

第九条　省、自治区、直辖市划定的基本农田应当占本行政区域内耕地总面积的百分之八十以上，具体数量指标根据全国土地利用总体规划逐级分解下达。

第十条　下列耕地应当划入基本农田保护区，严格管理：

（1）经国务院有关主管部门或者县级以上地方人民政府批准确定的粮、棉、油生产基地内的耕地；

（2）有良好的水利与水土保持设施的耕地，正在实施改造计划以及可以改造的中、低产田；

（3）蔬菜生产基地；

（4）农业科研、教学试验田。

根据土地利用总体规划，铁路、公路等交通沿线，城市和村庄、集镇建设用地区周边的耕地，应当优先划入基本农田保护区；需要退耕还林、还牧、还湖的耕地，不应当划入基本农田保护区。

3. 基本农田保护区的保护与管制

严格执行保护基本农田“五个不准”，确保基本农田的规定用途不改变，即不准除法律规定的国家重点建设项目之外的非农建设占用基本农田；不准以退耕还林为名，将平原（平坝）地区耕作条件良好的基本农田纳入退耕范围，违反土地利用总体规划随意减少基本农田面积；不准占用基本农田进行植树造林，发展林果业；不准以农业结构调整为名，在基本农田内挖塘养鱼和进行畜禽养殖，以及其他严重破坏耕作层的生产经营活动；不准占用基本农田进行绿色通道和绿化隔离带建设。

《基本农田保护条例》第十四条　地方各级人民政府应当采取措施，确保土地利用总体规划确定的本行政区域内基本农田的数量不减少。

第十五条　基本农田保护区经依法划定后，任何单位和个人不得改变或者占用。国家能源、交通、水利、军事设施等重点建设项目选址确实无法避开基本农田保护区，需要占用基本农田，涉及农用地转用或者征用土地的，必须经国务院批准。

第十六条　经国务院批准占用基本农田的，当地人民政府应当按照国务院的批准文件修改土地利用总体规划，并补充划入数量和质量相当的基本农田。占用单位应当按照占多少、垦多少的原则，负责开垦与所占基本农田的数量与质量相当的耕地；没有条件开垦或者开垦的耕地不符合要求的，应当按照省、自治区、直辖市的规定缴纳耕地开垦费，专款用于开垦新的耕地。

占用基本农田的单位应当按照县级以上地方人民政府的要求，将所占用基本农田耕作层的土壤用于新开垦耕地、劣质地或者其他耕地的土壤改良。

第十七条　禁止任何单位和个人在基本农田保护区内建窑、建房、建坟、挖砂、采石、采矿、取土、堆放固体废弃物或者进

行其他破坏基本农田的活动。

禁止任何单位和个人占用基本农田发展林果业和挖塘养鱼。

第十八条 禁止任何单位和个人闲置、荒芜基本农田。经国务院批准的重点建设项目占用基本农田的，满1年不使用而又可以耕种并收获的，应当由原耕种该幅基本农田的集体或者个人恢复耕种，也可以由用地单位组织耕种；1年以上未动工建设的，应当按照省、自治区、直辖市的规定缴纳闲置费；连续2年未使用的，经国务院批准，由县级以上人民政府无偿收回用地单位的土地使用权；该幅土地原为农民集体所有的，应当交由原农村集体经济组织恢复耕种，重新划入基本农田保护区。

承包经营基本农田的单位或者个人连续2年弃耕抛荒的，原发包单位应当终止承包合同，收回发包的基本农田。

4. 违反基本农田保护条例规定的处罚

第三十条 违反本条例规定，有下列行为之一的，依照《中华人民共和国土地管理法》和《中华人民共和国土地管理法实施条例》的有关规定，从重给予处罚：

（一）未经批准或者采取欺骗手段骗取批准，非法占用基本农田的；

（二）超过批准数量，非法占用基本农田的；

（三）非法批准占用基本农田的；

（四）买卖或者以其他形式非法转让基本农田的。

第三十一条 违反本条例规定，应当将耕地划入基本农田保护区而不划入的，由上一级人民政府责令限期改正；拒不改正的，对直接负责的主管人员和其他直接责任人员依法给予行政处分或者纪律处分。

第三十二条 违反本条例规定，破坏或者擅自改变基本农田保护区标志的，由县级以上地方人民政府土地行政主管部门或者农业行政主管部门责令恢复原状，可以处1 000元以下罚款。

第三十三条　违反本条例规定，占用基本农田建窑、建房、建坟、挖砂、采石、采矿、取土、堆放固体废弃物或者从事其他活动破坏基本农田，毁坏种植条件的，由县级以上人民政府土地行政主管部门责令改正或者治理，恢复原种植条件，处占用基本农田的耕地开垦费1倍以上2倍以下的罚款；构成犯罪的，依法追究刑事责任。

第三十四条　侵占、挪用基本农田的耕地开垦费，构成犯罪的，依法追究刑事责任；尚不构成犯罪的，依法给予行政处分或者纪律处分。

（四）耕地总量动态平衡

《土地管理法》第十八条第三款规定，“省、自治区、直辖市人民政府编制的土地利用总体规划，应当确保本行政区域内耕地总量不减。”

第十九条　土地利用总体规划按照下列原则编制：第五款规定“占用耕地与开发复垦耕地相平衡”。

耕地总量动态平衡是在我国人多地少、用地需求居高不下、耕地资源又相对不足且急剧减少、给社会发展带来巨大压力的形势下，经过调查研究和充分论证提出来的，其基本内涵是指通过采取一系列行政、经济、法律的措施，保证我国现有耕地总面积在一定时间内只能增加，不能减少，并逐步提高耕地的质量。实现耕地总量不减少是党中央、国务院根据我国耕地的基本情况和社会经济可持续发展的要求提出的，其具体的措施如下。

1. 实施占用耕地补偿制度

按照十七届三中全会《中共中央关于推进农村改革发展若干重大问题的决定》，提出的“耕地实行先补后占，不得跨省市进行占补平衡”精神，各县（市）非农建设占用耕地，应立足于本行政辖区内补充耕地，本行政辖区内确实难以补充耕地的，可由省级国土资源部门统筹安排，在省域内进行，但必须保证数量

和质量相当。为确保这一措施落到实处，国家还建立了专门的耕地占补平衡考核制度，要求县级以上国土资源管理部门以建设用地项目为单位，对依法批准占用耕地的非农业建设用地补充耕地方案的落实情况进行检查核实。

2. 明确界定省级政府的责任

省级政府耕地保护目标责任制是由各省、自治区、直辖市人民政府对《全国土地利用总体规划纲要》确定的本行政区域内的耕地保有量和基本农田保护面积负责的制度，各省、自治区、直辖市人民政府的省长、主席、市长为第一责任人，落实好建设用地项目补充耕地与土地整理复垦开发项目的挂钩、补充耕地储备库和台账管理等制度；在新一轮土地利用总体规划修编和年度计划指标分配时，应充分考虑当地耕地后备资源状况，补充耕地潜力等因素；要防止和杜绝只占不补、先占后补、占多补少、占优补劣的现象发生。

省、自治区、直辖市人民政府应当严格执行土地利用总体规划和土地利用年度计划，采取措施，确保本行政区域内耕地总量不减少。耕地总量减少的，由国务院责令在规定期限内组织开垦与所减少耕地的数量与质量相当的耕地，并由国务院土地行政主管部门会同农业行政主管部门验收。个别省、直辖市确因土地后备资源贫乏，新增建设用地后，新开垦耕地的数量不足以补偿所占耕地数量的，必须报经国务院批准，减免本行政区域内开垦耕地的数量，进行易地开垦。

（1）责任目标的确定。省级政府耕地保护责任目标由国土资源部会同农业农村部、统计局等有关部门，根据《全国土地利用总体规划纲要》确定的相关指标和生态退耕，自然灾害等实际情况，对各省、自治区、直辖市耕地保有量和基本农田保护面积提出考核指标建议，报经国务院批准后下达。

（2）耕地保护责任目标考核标准。考核遵循客观、公开、公正的原则，每 5 年为一个规划期，在每个规划期的期中和期末，国务院对各省、自治区、直辖市各考核一次。在规划期内，省级行政区域内的耕地保有量不得低于国务院下达的耕地保有量考核指标；省级行政区域内的基本农田保护面积不得低于国务院下达的基本农田保护面积考核指标；省级行政区域内各类非农建设经依法批准占用耕地和基本农田后，补充的耕地和基本农田的面积与质量不得低于已占用的面积与质量。同时符合上述三项要求的，考核认定为合格；否则，即认定为不合格。在耕地保护责任目标考核年，由国土资源部会同农业农村部、监察部、审计署、统计局等部门，对各省、自治区、直辖市耕地保护责任目标履行情况进行考核，并将结果上报国务院。

（3）未完成考核责任目标的责任。国务院对省、自治区、直辖市的耕地保护责任目标考核结果进行通报。对认真履行责任目标且成效突出的给予表扬，并在安排中央支配的新增建设用地土地有偿使用费时予以倾斜；对考核认定为不合格的责令整改，限期补充数量与质量相当的耕地和补充数量、质量相当的基本农田，整改期间暂停该省（区、市）内农用地转用和征地审批。耕地保护责任目标考核结果，列为省级人民政府第一责任人工作业绩考核的重要内容。对考核确定为不合格的地区，由监察部、国土资源部对其审批用地情况进行全面检查，按程序依纪依法处理直接责任人，并追究有关领导的法律责任。

3. 土地开发、复垦与整理

今后一个相当长的时期内，我国耕地减少的趋势难以改变。因此，土地开发、复垦与整理引起了国人的特别关注。1997 年 4 月《中共中央、国务院关于进一步加强土地管理，切实保护耕地的通知》明确指出“各地要大力总结和推广土地整理的经验，按照土地利用总体规划的要求，通过对田、水、路、林、村进行综合整治，搞好土地建设，提高耕地质量，增加有效耕地面积，

改善农业生产条件和环境”。1999 年 1 月 1 日正式颁布施行的新《土地管理法》将土地整理作为提高土地利用效率、增加有效耕地面积的重要途径，正式写进这部法律。

4. 土地利用动态监测

为了确保土地利用能向合理、高效的方向发展，必须对土地利用的发展变化及时加以调查分析，掌握其变化趋势。土地利用动态监测就是对土地资源和利用状况的信息持续收集调查，开展系统分析的科学管理手段和工作。土地利用动态监测目前由变更调查、遥感监测、统计报表制度、专项调查及土地信息系统等构成。变更调查及遥感监测是目前的主要手段。土地利用变更调查工作是每年度必须完成的一项指令任务，其目的是在变更调查期内，及时准确地对辖区内土地权属、土地利用的变化情况调查清楚，并对原有的土地利用资料，包括图、表、薄、证等做相应的变更，以保持土地利用和权属状况的现势性，保持土地信息资料的准确性、完整性和科学性。土地利用动态遥感监测是应用多时相、多源遥感数据对土地资源和土地利用实施宏观动态监测，及时发现实地发生的变化，并做出相应的分析。

（五）土地开发、复垦与整理

1. 土地开发

《土地管理法》第四十条“开发未确定使用权的国有荒山、荒地、荒滩从事种植业、林业、畜牧业、渔业生产的，经县级以上人民政府依法批准，可以确定给开发单位或者个人长期使用”。土地开发主要是指对未利用土地的开发利用，通过一定的技术和经济手段，扩大对土地的有效利用范围，提高土地利用深度。对被开发土地原使用用途对土地开发类型进行分类，主要包括宜农荒地的开发、闲散地的开发、农业低利用率土地开发、沿海滩涂开发城市新区开发和城市土地再开发等。土地开发必须具备的条件：一是必须符合土地利用总体规划，在土地利用总体规划允许开发的区域内开发；二是有利于保护和改善生态环境，防止水土流失和土地荒漠化。对未利用土地的开发，必须注意对生态环境的影响，如果开发后会造成对生态环境的破坏，导致水土流失和土地荒漠化的，就不应开发；三是适宜开发为农用地的，应当优先开发成农用地，这是对未利用土地进行开发的一个重要原则。单位和个人依法取得的对未利用土地的土地开发权，受法律保护。土地开发者有权对土地进行开发并取得利益，任何单位和个人不得侵犯。

2. 土地复垦

《土地管理法》第四十二条“因挖损、塌陷、压占等造成土地破坏，用地单位和个人应当按照国家有关规定负责复垦；没有条件复垦或者复垦不符合要求的，应当缴纳土地复垦费，专项用于土地复垦。”截至 2011 年共有损毁土地约 1.3 亿多亩，其中生产建设活动损毁约 1.1 亿亩，自然灾害损毁土地约 2 100 万亩；同时，每年生产建设活动新损毁的土地约几百万亩，其中 60%是耕地或其他农用地，有些还是基本农田。由于重视程度不够、复垦费用不落实、管理不到位等因素，我国目前土地复基率仅为 25%，大量损毁土地没有得到及时的复垦利用，与欧美发达国家相比差距较大，具有很大开发潜力。

土地复垦是项综合工程技术，它通常包括工程复垦和生物复垦两个过程。其中，工程复垦的任务是建立有利于植物生长的地表和生根层，或为今后有关部门利用采矿破坏的土地做前期准备。生物复垦的任务是根据复基区土地的利用方向来决定采取相应的生物措施以维持矿区的生态平衡，其实质是恢复破坏土地的肥力及生物生产效能。土地复垦的最终目的是恢复土地的生产力，保持土地的环境功能，实现土地生态系统新的平衡。就我国目前的开展过程来看，它主要包括以下几条原则。

（1）坚持“谁破坏，谁复垦”的原则。2011 年 3 月 5 日，

国务院令公布《土地复垦条例》。条例结合损毁土地的成因，对土地复垦的责任主体作了明确界定：一是规定生产建设活动损毁的土地，按照“谁损毁，谁复垦”的原则，由生产建设单位或者个人（以下称土地复垦义务人）负责复垦。具体包括：①露天采矿、烧制砖瓦、挖沙取土等地表挖掘所损毁的土地；②地下采矿等造成地表塌陷的土地；③堆放采矿剥离物、废石、矿渣、粉煤灰等固体废弃物压占的土地；④能源、交通、水利等基础设施建设和其他生产建设活动临时占用所损毁的土地。二是规定由于历史原因无法确定土地复垦义务人的生产建设活动损毁的土地(即历史遗留损毁土地)。以及自然灾害损毁土地，由县级以上人民政府负责组织复垦。

（2）因地制宜、优先复垦为农用地的原则。由于复垦区域的可垦性差异，土地复垦的目标、内容和方法也不相同。土地复垦要根据损毁区的特点、破坏程度及适宜性确定其复垦后的类型，宜农则农、宜牧则牧、宜林则林、宜建则建，将破坏土地恢复利用。另外，对于可复垦为农用地的，要优先复垦为农用地。

（3）统一规划，“边建设、边复垦”的原则。土地复垦不能走先建设后复垦的道路，应该将土地复垦工作与生产建设统一规划，在进行生产建设的同时进行土地复垦。一般来说，先建设后复垦不仅给土地复垦的技术工作带来了更大的难度，同时造成了资源的浪费，增加了复垦成本。边建设边复垦可实现成本低和资源充分利用双赢。如土地复垦应当充分利用邻近废弃物（粉煤灰、煤矿石、城市垃圾等）充填挖损区、塌陷区和地下采空区。利用废弃物作为土地复垦填充物的同时，应当防止造成新的污染。因此，在进行土地复垦工程项目之前，要将土地复垦与生产建设统一进行规划，并在实施过程中边建设边复垦。根据《关于加强生产建设项目土地复垦管理工作的通知》要求，凡从事开采矿产资源，烧制砖瓦、燃煤发电、修建公路铁路和兴修水利设施等，有可能造成土地破坏的生产建设单位和个人，在生产建设活动中要按照“统一规划、源头控制、防复结合”的要求，尽量控制或减少对土地资源不必要的破坏，土地复垦与生产建设统一规划，编制土地复垦方案，依法、按规定缴纳土地复垦费，在生产建设活动中尽量实现“边生产、边建设、边复垦”。土地复垦费要列入生产成本或建设项目总投资并足额预算，并专项用于缴费单位和个人破坏土地的复垦工作。对 1999 年 1 月 1 日以后尚未履行复垦义务的，复垦义务人必须依法补缴土地复垦费。土地复垦费专门用于土地复垦，任何单位和个人不得挪用。

（4）经济、生态与社会效益相结合的原则。土地复垦是应该立足长远，充分考虑长远利益，要保证区域土地资源合理利用与生态安全，农、林、牧配置适当，保障农业生态系统内部的结构合理，达到社会、经济和生态效益的统一和最优化。

3. 土地整理

《土地管理法》第四十一条“国家鼓励土地整理。县、乡（镇）人民政府应当组织农村集体经济组织，按照土地利用总体规划，对田、水、路、林、村综合整治，提高耕地质量，增加有效耕地面积，改善农业生产条件和生态环境。

地方各级人民政府应当采取措施，改造中、低产田，整治闲散地和废弃地”。

土地整理是通过采取各种措施，对田、水、路、林、村进行综合整治，提高耕地质量，增加有效耕地面积，改善农业生产条件和生态环境的行为。土地整理的内涵十分丰富：第一，它不是简单地对某一地块采取单项的治理措施，而是根据经济社会发展的需求，按照土地利用总体规划，综合体现农、林、水、村镇建设、环境保护等要求的综合性工作；第二，它不是单纯地增加可利用土地的面积，而是要提高土地的质量，提高土地的使用效率和产出率；第三，它不是简单地增加对土地的投入，而是要讲求

投入产出，形成良性运行机制。我国现阶段的土地整理是基于解决粮食安全问题和实现耕地总量动态平衡提出来的，起步较晚，与国外许多国家的土地整理工作相比，还存在很多不足之处，主要表现在以下几个方面。一是重数量、轻质量和生态环境保护；二是缺少社会监督和公众参与；三是忽视后期项目管理和评价工作；四是资金的使用和管理较为混乱。今后应重视土地质量提高、加强生态环境建设和保护，强化公众参与，制定运行管理和后期评价制度，完善土地整理理论技术体系和制度建设，从而保证我国土地整理事业的健康持续发展。

（六）其他农用地利用与保护

其他农用地还有园地、林地、草地、设施农业用地、农村道路、坑塘水面、养殖水面、农田水利用地、田坎、晒谷场等用地。

提高园地利用效益。重点发展优质果园。建设优质果产品基地。促进品种结构调整和产品质量提高，调整园地布局，引导新建园地向立地条件适宜的丘陵、台地和荒坡地集中发展。加强对中低产园地的改造和管理，稳步提高园地单产和效益。

严格保护林地。参考《森林法》，加强林地征占用管理，禁止毁林开垦和非法占用林地。严格控制各项建设工程征占国家重点公益林、天然林、自然保护区、森林公园以及大江大河源头等生态脆弱地区的林地。管好、用好现有林地，加强低效林地的改造，加快迹地更新及受损林地的恢复和重建。充分利用宜林荒山荒坡造林，扩大有林地面积。

推进牧草地综合整治。参考《草原法》，合理利用草场资源，防止超载过收，严禁滥挖、滥采、滥垦。坚特用养结合，科学合理地控制载畜量。加强天然草原改良培育、提高草地生产力。牧区逐步改变依赖天然草原放牧的生产方式，建设高产人工草地和饲草饲料地。半农半牧区发展人工种草、实行草田轮作；

支封退化草场治理、退牧还草、草地生态系统恢复重建等工程的实施。

合理安排畜禽养殖用地。加强畜禽养殖用地调查与规划，鼓励规模化畜禽养殖。引导新建畜禽场（小区）利用废弃地和荒山荒坡等未利用地，发展畜禽养殖。

（七）设施农业用地政策

设施农业：指具有一定设施，能在局部范围改善或创造环境气候因素，为动、植物生长发育提供良好环境条件，而进行的有效生产的农业。

1. 设施农业用地范围

根据现代农业生产特点，从有利于支持设施农业和规模化粮食生产发展、规范用地管理出发，将设施农用地具体划分为生产设施用地、附属设施用地以及配套设施用地。国土资源部、农业部下发《关于完善设施农用地管理有关问题的通知》（国土资发［2010］155号）

生产设施用地是指在设施农业项目区域内，直接用于农产品生产的设施用地。包括：①工厂化作物栽培中有钢架结构的玻璃或PC板连栋温室用地等；②规模化养殖中畜禽舍（含场区内通道）、畜禽有机物处置等生产设施及绿化隔离带用地；③水产养殖池塘、工厂化养殖池和进排水渠道等水产养殖的生产设施用地；④育种育苗场所、简易的生产看护房（单层，$<15m^2$）用地等。

附属设施用地是指直接用于设施农业项目的辅助生产的设施用地。包括：①设施农业生产中必需配套的检验检疫监测、动植物疫病虫害防控等技术设施以及必要管理的用房用地；②设施农业生产中必需配套的畜禽养殖粪便、污水等废弃物收集、存储、处理等环保设施用地，生物质（有机）肥料生产设施用地；③设施农业生产中必需的设备、原料、农产品临时存储、分拣包装

场所用地，符合“农村道路”规定的场内道路等用地。

配套设施用地是指由农业专业大户、家庭农场、农民合作社、农业企业等，从事规模化粮食生产所必需的配套设施用地。包括晾晒场、粮食烘干设施、粮食和农资临时存放场所、大型农机具临时存放场所等用地。

各地应严格掌握上述要求，严禁随意扩大设施农用地范围，以下用地必须依法依规按建设用地进行管理：经营性粮食存储、加工和农机农资存放、维修场所；以农业为依托的休闲观光度假场所、各类庄园、酒庄、农家乐；各类农业园区中涉及建设永久性餐饮、住宿、会议、大型停车场、工厂化农产品加工、展销等用地。

2. 设施农业用地的管理

（1）设施农业用地按农用地管理。生产设施、附属设施和配套设施用地直接用于或者服务于农业生产，其性质属于农用地，按农用地管理，不需办理农用地转用审批手续。在《土地利用现状分类》中，属于一级类中的其他土地，编码 12；二级类编码 122。

非农建设占用设施农用地的，应依法办理农用地转用审批手续，农业设施兴建之前为耕地的，非农建设单位还应依法履行耕地占补平衡义务。生产结束后，经营者应按相关规定进行土地复垦，占用耕地的应复垦为耕地。

（2）合理控制附属设施和配套设施用地规模。进行工厂化作物栽培的，附属设施用地规模原则上控制在项目用地规模 5%以内，但最多不超过 10 亩；规模化畜禽养殖的附属设施用地规模原则上控制在项目用地规模 7%以内（其中，规模化养牛、养羊的附属设施用地规模比例控制在 10%以内），但最多不超过 15 亩；水产养殖的附属设施用地规模原则上控制在项目用地规模 7%以内，但最多不超过 10 亩。

根据规模化粮食生产需要合理确定配套设施用地规模。南方从事规模化粮食生产种植面积500亩、北方1 000亩以内的，配套设施用地控制在3亩以内；超过上述种植面积规模的，配套设施用地可适当扩大，但最多不得超过10亩。

（3）引导设施建设合理选址。各地要依据农业发展规划和土地利用总体规划，在保护耕地、合理利用土地的前提下，积极引导设施农业和规模化粮食生产发展。设施建设应尽量利用荒山荒坡、滩涂等未利用地和低效闲置的土地，不占或少占耕地。确需占用耕地的，应尽量占用劣质耕地，避免滥占优质耕地，同时通过耕作层土壤剥离利用等工程技术措施，尽量减少对耕作层的破坏。

对于平原地区从事规模化粮食生产涉及的配套设施建设，选址确实难以安排在其他地类上、无法避开基本农田的，经县级国土资源主管部门会同农业部门组织论证确需占用的，可占用基本农田。占用基本农田的，必须按数量相等、质量相当的原则和有关要求予以补划。各类畜禽养殖、水产养殖、工厂化作物栽培等设施建设禁止占用基本农田。

（4）鼓励集中兴建公用设施。县级农业部门、国土资源主管部门应从本地实际出发，因地制宜引导和鼓励农业专业大户、家庭农场、农民合作社、农业企业在设施农业和规模化粮食生产发展过程中，相互联合或者与农村集体经济组织共同兴建粮食仓储烘干、晾晒场、农机库棚等设施，提高农业设施使用效率，促进土地节约集约利用。

3. 设施农业用地的使用

从事设施农业建设的，应通过经营者与土地所有权人约定用地条件，并发挥乡级政府的管理作用，规范用地行为。

（1）签订用地协议。设施农业用地使用前，经营者应拟定设施建设方案，内容包括：项目名称、建设地点、设施类型和用

途、数量、标准和用地规模等，并与乡镇政府和农村集体经济组织协商土地使用年限、土地用途、土地复垦要求及时限、土地交还和违约责任等有关土地使用条件。协商一致后，建设方案和土地使用条件通过乡镇、村组政务公开等形式向社会予以公告，公告时间不少于 10 天；公告期结束无异议的，乡镇政府、农村集体经济组织和经营者三方签订用地协议。

涉及土地承包经营权流转的，经营者应依法先行与承包农户签订流转合同，征得承包农户同意。

（2）用地协议备案。用地协议签订后，乡镇政府应按要求及时将用地协议与设施建设方案报县级国土资源主管部门和农业部门备案，不符合设施农用地有关规定的不得动工建设。

县级国土资源主管部门和农业部门应依据职能及时核实备案信息。发现存在选址不合理、附属设施用地和配套设施用地超过规定面积、缺少土地复垦协议内容，以及将非农建设用地以设施农用地名义备案等问题的；项目设立不符合当地农业发展规划布局、建设内容不符合设施农业经营和规模化粮食生产要求、附属设施和配套设施建设不符合有关技术标准，以及土地承包经营权流转不符合有关规定的，分别由国土资源主管部门和农业部门在 15 个工作日内，告知乡镇政府、农村集体经济组织及经营者，由乡镇政府督促纠正。

对于国有农场的农业设施建设与用地，可由省级国土资源主管部门会同农业部门及有关部门根据本通知规定，制定具体实施办法。

4. 设施农业用地的服务与监管

（1）主动公开设施农用地建设与管理有关政策规定。通过政府或部门网站及其他形式，国土资源主管部门主动公开设施农用地分类与用地规模标准、相关土地利用总体规划、基本农田保护、土地复垦、用地协议签订与备案等有关规定要求；农业部门主动公开行业发展政策与规划、设施类型和建设标准、农业环境保护、疫病防控等相关规定要求，以便设施农业经营者查询与了解有关政策规定。在设施农业建设过程中，国土资源主管部门和农业部门应主动服务、加强指导，及时解决出现的问题，促进设施农业健康发展。

（2）加强设施农用地监管。县级国土资源主管部门、农业部门和乡镇政府都应将设施农用地纳入日常管理，加强监督，建立制度，分工合作，形成联动工作机制。市、县国土资源主管部门要加强设施农用地的实施跟踪，监督设施农用地的土地利用和土地复垦，及时做好土地变更调查登记和台账管理工作；县级农业部门加强设施农业建设和经营行为的日常监管，做好土地流转管理和服务工作；乡镇政府负责监督经营者按照协议约定具体实施农业设施建设，落实土地复垦责任，并组织农村集体经济组织做好土地承包合同变更。

省级国土资源主管部门和农业部门应建立设施农用地信息报备制度，全面掌握本区域内设施农用地和设施农业的情况及发展趋势，及时准确地开展土地变更调查设施农用地核实工作。不定期组织开展专项检查，发现苗头性、倾向性问题，及时研究解决，将有关情况报国土资源部和农业农村部。

（3）严格设施农用地执法。从事设施农业和规模化粮食生产的，经营者必须按照协议约定使用土地，确保农地农用。设施农用地不得改变土地用途，禁止擅自或变相将设施农用地用于其他非农建设；不得超过用地标准，禁止擅自扩大设施用地规模或通过分次申报用地变相扩大设施用地规模；不得改变直接从事或服务于农业生产的设施性质，禁止擅自将设施用于其他经营。

县级国土资源主管部门和农业部门要依据职能加强日常执法巡查，对不符合规定要求开展设施建设和使用土地的，做到早发现、早制止、早报告、早查处。对于擅自或变相将设施农用地用

于其他非农建设的，应依法依规严肃查处；擅自扩大附属设施用地规模或通过分次申报用地变相扩大设施用地规模，擅自改变农业生产设施性质用于其他经营的，应及时制止、责令限期纠正，并依法依规追究有关人员责任。

省、市国土资源主管部门和农业部门要加强对基层国土资源主管部门和农业部门执法行为的监管，对有案不查、执法不严的，要坚决予以纠正。今后，设施农用地使用和管理情况纳入省级政府耕地保护责任目标内容，国土资源部、农业农村部每年将会同有关部门开展检查和考核。

专题五　农村宅基地政策与使用管理

一、农村宅基地的权属

（一）农村宅基地的概念

指农村集体经济组织为保障农户生活需要而拨给农户建造房屋及小庭院使用的土地。宅基地通常包含主要建筑物（居住用房），附属建、构筑物（如厨房、仓库、厕所、畜禽舍、沼气池等）以及房屋周围独家使用的土地。宅基地不包括农民生产晒场用地。

《河南省农村宅基地管理办法》第二条规定：农村宅基地是指农村居民个人取得合法手续用以建造住宅的土地。农村居民主要包括：农村村民、回原籍乡村落户的城镇职工、退伍军人、离退休干部、回乡定居的华侨、港澳台同胞等。

农村村民宅基地虽然规模小，但比较广，遍及千家万户，是农村建设用地管理的主要工作之一。

（二）农村宅基地的权属

1. 农村宅基地的权属沿革

中华人民共和国成立以来，我国农村宅基地权属随着社会经济、文化、社会条件等各项变革而发生了一系列演变，大致可归纳为如下几个阶段。

第一阶段，土地改革初期。根据我国1950年的《土地改革法》的相关规定，国家将依法没收或征收得来的土地分给无地或少地的农民，建立了农民私人所有的土地制度。作为土地改革的

成果，大部分地区的农民领取政府颁布的《中华人民共和国房屋土地所有权证书》。农民对宅基地享有所有权。

第二阶段，社会主义改造时期。集体土地的所有权主体没有变更，依然是农民私有，但是土地从由个体农民经营转变为由集体统一经营。在这一时期，农民的宅基地仍然由农民保有绝对的所有权，对其自由处分没有禁止性规定。

第三阶段，农业合作社时期。伴随农业合作社的成立，确立了农村土地集体所有制。农民私有、集体统一经营使用的土地制度转变为集体所有、统一经营使用的土地制度。宅基地所有权也收归集体所有，农民对宅基地只享有使用权。

第四阶段，1979 年实行家庭联产承包责任制的土地制度至今。

根据我国《土地管理法》第八条、第九条等规定：城市市区的土地属于国家所有。农村和城市郊区的土地，除由法律规定属于国家所有的以外，属于农民集体所有；宅基地和自留地、自留山，属于农民集体所有；国有土地和农民集体所有的土地，可以依法确定给单位或者个人使用。使用土地的单位和个人，有保护、管理和合理利用土地的义务。

《河南省农村宅基地用地管理办法》第四条规定：农村宅基地属于集体所有。农村居民对宅基地只有使用权，没有所有权。宅基地的所有权和使用权受法律保护，任何单位和个人不得侵占、买卖或者以其他形式非法转让。进一步明确农村宅基地所有权归农村集体所有，农民仅有使用权。

农村宅基地使用权是我国特有的一项独立的用益物权，是农村居民在依法取得的集体经济组织所有的宅基地上建造房屋及其附属设施，并享有对宅基地进行占有、使用和有限制处分的权利。它具有严格的身份性、无偿使用性、永久使用性、从属性及范围的严格限制性等特点。

2. 农村宅基地的权属性质

我国《物权法》并没有规定宅基地使用权的主体，但规定了宅基地使用权的取得、行使和转让，适用我国《土地管理法》等法律和国家有关规定。我国《土地管理法》就宅基地使用权的初始方面取得明确规定，初始取得宅基地使用权的行为主体只能是“农村村民”。众多地方性法规，都规定仅有农民且是本集体经济组织的农民才可申请宅基地。因为农村的宅基地与集体经济组织成员的权利和利益是联系在一起的，也就是说，农民能申请宅基地很大程度上是因为农民是农村集体、经济组织的成员，农村集体成员都有权以农户的名义申请宅基地，土地的有限性决定了集体经济组织以外的人员一般不能申请宅基地。所以，宅基地通常是与成员权联系在一起的。

农村的宅基地具有一定的福利性质，这种福利主要表现在农民能够无偿或廉价取得宅基地，获取基本的生活条件，这也是农村居民与城市居民相比享有的最低限度的福利。因为提供了宅基地，农村居民享有了基本的居住条件，从而维护了农村的稳定。由于宅基地具有福利的性质，农村集体经济组织的成员获得宅基地大多是无偿的或者只要支付较少的地款就可以获得，而不可能按市价购买。因此，宅基地使用权初始取得主体是“农村村民”。

宅基地使用权是指农村村民为建造自有房屋对集体土地所享有的占有、使用的权利，是特定主体对于集体土地的一种特殊的用益物权。其特殊性在于：一、农村宅基地使用权的初始取得与集体经济组织成员的权利和利益是联系在一起的，非本集体成员不可能取得；二、宅基地使用权是特定主体对于集体土地的用益物权，权利人可以对宅基地长期享有占有、使用，但流转受到一定的限制；三、集体经济组织的成员只能以户为单位申请一处宅基地，符合条件的村民获得宅基地后，不得再另行申请宅基地。

（三）农村宅基地的确权

宅基地确权其实是指国家对宅基地位置、使用面积进行确认。确认宅基地的位置、面积信息无误后，就可以颁发一张宅基地确权证，从而证明你对宅基地拥有使用权，对宅基地上的房屋拥有所有权。

1. 不能确权的宅基地

不能确权的宅基地包括如下几种情况。

（1）荒弃的宅基地。随着城乡一体化及城里就业机会的增多，不少农村人纷纷进入城市，由于孩子上学读书，全家搬迁到城市，造成农村宅基地荒弃和浪费，对于荒弃宅基地集体有权收回，并给一定的补偿。

（2）城镇居民在农村购买的宅基地。国家政策不允许城镇居民在农村购买宅基地，农村宅基地只能在集体经济组织内进行买卖。凡1999年后使用的宅基地不应给以确权登记。

（3）一户多宅的宅基地。对于一户多宅的宅基地，村集体应收回，给予一定补偿。

（4）面积超标的宅基地。国家对于宅基地根据申请户的大小，人口多少确定适当的面积，对于超标时仅能合理使用的面积进行确权，对于多出的面积在重新建筑时由村集体收回。

（5）非法占据土地的宅基地。不是新划分宅基地或原有合法宅基地，均属于非法占据土地的宅基地，此类宅基地不能确权只能收回。非法占有耕地建房的宅基地，这种更不会给确权，还有可能会被处罚，要求恢复耕地。

（6）城市户口通过继承的宅基地。城市户口对于宅基地并无继承权，不过宅基地上面的房屋可以继承，但是房子不能重新建筑，当房子自然消失后，村集体可以收回宅基地。

（7）五保户遗留宅基地。对村中五保户遗留的宅基地，村集体可以收回。

（8）政府征用的宅基地。国家或政府征用农村土地或宅基地进行修路、建筑或其他用途时，通过和农民进行协商赔偿后可对宅基地进行收回。

（9）新审批的宅基地。如果是新申请建造房屋，根据现行《土地法》的规定：必须将老的房屋宅基地退还给村集体，否则新的宅基地是不能确权的。如果想给新宅基地确权，也可以通过分户（父母与成年儿女分立户口）来确权。

（10）修建在农村规划范围外的房屋。各个地方都有农村居住区的规划区域，农民建房要在规划的区域内，否则政府部门是不给予确权的。

（11）改变宅基地使用性质的。农民申请的宅基地只能用来建造房屋居住，如果在自家宅基地修建厂房等用于经营的，也是不能确权的。

（12）买卖来的宅基地。这种宅基地也是不能确权的，因为农民取得的只是宅基地的使用权，故农民买卖宅基地的行为也是无效的，同样也是不能确权的。

（13）存在归属争议和手续不全的宅基地。这种情况是暂时不予确权，只有争议解决或补全手续后，政府才会按照法律规定给予确权。

（14）无权属来源证明或权属来源证明不齐全的宅基地。根据有关规定，2009 年 12 月 31 日第二次全国土地调查结束之前已建成使用、并在第二次全国土地调查确定的村庄和建制镇建设用地范围内的，应当查明土地历史使用情况和现状；符合土地利用总体规划等相关规划的，由本农村集体经济组织（村委会）出具证明，对土地权利人、面积、范围、取得时间等进行确认，并公告 30 天，公告无异议的，经乡（镇）人民政府或街道办事处审核后，报县（市、区）人民政府审定，确定宅基地使用权。

2. 宅基地面积超标的确权

（1）1982年《村镇建房用地管理条例》实施前。农村村民建房占用的宅基地，在《村镇建房用地管理条例》实施后至今未扩大用地面积的，可以按现有实际使用面积确权登记。

（2）自1982年《村镇建房用地管理条例》实施时起至1987年《土地管理法》实施时止：农村村民建房占用的宅基地，超过当地规定面积标准的，超过部分按照当时国家和地方有关规定处理后，可以按实际使用面积确权登记。

（3）1987年《土地管理法》实施后：农村村民建房占用的宅基地，应按照批准面积填写使用权面积，实际占用面积超过批准面积的，可在“集体土地使用证”记事栏内注明超过批准的面积，宗地图按实际占用范围绘制，能确定超占范围的，要在宗地图上用虚线标注超占部分。

1995年，国家土地管理局印发了《确定土地所有权和使用权的若干规定》。其中关于农村房屋和宅基地买卖方面主要涉及流转完成后宅基地使用权面积超标的处理原则。第四十九条规定：“接受转让、购买房屋取得的宅基地，与原有宅基地合计面积超过当地政府规定标准，按照有关规定处理后允许继续使用的，可暂确定其集体土地建设用地使用权……”第五十一条规定：“按照本规定第四十五条至第四十九条的规定确定农村居民宅基地集体土地建设用地使用权时，其面积超过当地政府规定标准的，可在土地登记卡和土地证书内注明超过标准面积的数量。以后分户建房或现有房屋拆迁、改建、翻建或政府依法实施规划重新建设时，按当地政府规定的面积标准重新确定使用权，其超过部分退还集体。”

二、农村宅基地的申请

农村村民申请宅基地应当按照一定的规程，在法律、法规允许的条件下申请。

《土地管理法》第六十二条：农村村民一户只能拥有一处宅基地，其宅基地的面积不得超过省、自治区、直辖市规定的标准。

农村村民建住宅，应当符合乡（镇）土地利用总体规划，并尽量使用原有的宅基地和村内空闲地。

农村村民住宅用地，经乡（镇）人民政府审核由县级人民政府批准；其中，涉及占用农用地的，依照《土地管理法》第四十四条的规定办理审批手续。

根据《村庄和集镇规划建设管理条例》第十八条规定：农村村民在村庄、集镇规划区内建住宅的，应当先向村集体经济组织或者村民委员会提出建房申请，经村民会议讨论通过后，按照下列审批程序办理。

第一，需要使用耕地的，经乡级人民政府审核、县级人民政府建设行政主管部门审查同意并出具选址意见书后，方可依照《土地管理法》向县级人民政府土地管理部门申请用地，经县级人民政府批准后，由县级人民政府土地管理部门划拨土地。

第二，使用原有宅基地、村内空闲地和其他土地的，由乡级人民政府根据村庄、集镇规划和土地利用规划批准。

城镇非农业户口居民在村庄、集镇规划区内需要使用集体所有的土地建住宅的，应当经其所在单位或者居民委员会同意后，依照前款第（一）项规定的审批程序办理。

回原籍村庄、集镇落户的职工、退伍军人和离休、退休干部以及回乡定居的华侨、港澳台同胞，在村庄、集镇规划区需要使用集体所有的土地建住宅的，依照本条第一款第（一）项规定的审批程序办理。

以上法律对宅基地的申请和使用做了规定。明确了农村宅基

地使用权的初始取得主体资格是“农村村民”，那么怎样才能取得呢？《物权法》《土地管理法》等相关法律并没有明确规定。《河南省农村宅基地用地管理办法》对此做了规定，具备条件才可以申请。

（一）申请条件

《河南省农村宅基地用地管理办法》第八条规定，具备下列条件之一的，可以申请宅基地用地。

（1）农村居民户无宅基地的。

（2）农村居民户除身边留一子女外，其他成年子女确需另立门户而已有的宅基地低于分户标准的。

（3）集体经济组织招聘的技术人员要求在当地落户的。

（4）回乡落户的离休、退休、退职的干部、职工、复退军人和回乡定居的华侨、侨眷、港澳台同胞，需要建房而又无宅基地的。

（5）原宅基地影响规划，需要收回而又无宅基地的。

同时《土地管理法》及《河南省农村宅基地用地管理办法》对申请宅基地做了限制性规定：如《土地管理法》第六十二条第四款规定：“农村村民出卖、出租住房后，再申请宅基地的，不予批准”。

《河南省农村宅基地用地管理办法》第九条　有下列情况之一的，不得安排宅基地用地。

（1）出卖、出租或以其他形式非法转让房屋的。

（2）违反计划生育规定超生的。

（3）一户一子（女）有一处宅基地的。

（4）户口已迁出不在当地居住的。

（5）年龄未满十八周岁的。

（6）其他按规定不应安排宅基地用地的。

（二）农村村民宅基地的审批程序和批准权限

《河南省土地管理法实施细则》第五十三条：符合申请宅基地条件的农村村民，应向本集体提出申请，经村民代表会议或村民会议讨论通过，由村民委员会报乡（镇）人民政府或街道办事处审核后，报县（市、区）人民政府批准。

《河南省农村宅基地用地管理办法》第十条：村民申请宅基地，应向村农业集体经济组织或村民委员会提出用地申请。农村宅基地的申报程序和审批权限按照《河南省〈土地管理法〉实施办法》第四十七条的规定执行。

四十七条原文如下："村民申请宅基地应向村农业集体经济组织或村民委员会提出用地申请，经村民代表会或村民大会讨论通过，由村农业集体经济组织或村民委员会根据村庄建设规划提出定点意见，报人民政府批准：使用原有宅基地、村内空闲地和其他土地的，由乡（镇）人民政府批准；使用耕地的，经乡（镇）人民政府审核，由县级人民政府土地管理部门审查，报同级人民政府批准。城镇非农业户口居民建住宅需要使用集体土地的，按《实施条例》第二十六条的规定办理。

由于村镇规划、搬迁等原因，需要集体使用土地划宅基地的，应按拟使用的土地数量和建设用地的审批权限，报县级以上人民政府批准。

经批准使用的宅基地，按照批准权限由县级或乡级人民政府发给'农村居民宅基地用地许可证'，由乡（镇）人民政府土地管理所核定使用土地。住宅建成后，经验收，符合建设规划定点要求和用地规划的，凭用地许可证向乡（镇）人民政府土地管理所申报土地登记，由县级人民政府核发'集体土地建设用地使用证'。

农村居民购买、接受赠予房屋，应申请宅基地使用权变更登记。"

1. 审批宅基地的程序

农村村民建住宅需要使用宅基地的，应向村民委员会提出书面申请，村民委员会应将申请宅基地户主名单、占地面积、位置等张榜公布，听取群众意见，经审核同意后再张榜公布上报户主名单，由申请人填写“农村宅基地申请表”后报乡镇人民政府审核。

（1）申请。申请人持申请材料向当地村委会提出书面用地申请。村委会应当在每一个季度集中申请材料，依法召开村委会或村民代表大会进行审议，并张榜公布，在张榜公布之日起15个工作日内本村村民未提出异议或者异议不成立的，上报给乡镇国土资源所初审。

（2）现场勘查。乡（镇）人民政府组织国土资源所进行现场勘查和群众调查，审查建房用地和建设申请条件，并制作勘查笔录和审查意见书。

（3）填申请表。国土资源所初审合格后发放“农村村民住宅用地与建设申请表”。

（4）村委会审查。村委会对申请人提交的“农村村民住宅用地与建设申请表”进行审查并签署意见，证明申请人的原住宅用地情况和家庭成员现居住情况，由负责人签字，同时加盖村民委员会公章，报乡（镇）人民政府审核。

（5）审核上报。乡（镇）人民政府在收到村委会上报的住宅建设用地申请材料后完成审核并现场确定规划用地范围，并报县国土资源局初审。县国土资源局对符合审批条件的上报县人民政府。

（6）审批。县人民政府批准用地的，由县国土资源局颁发“建设用地批准书”。

（7）放样。由国土资源所牵头协同乡镇政府人员根据《建设用地批准书》和“村镇建设工程规划许可证”到实地放样，划定范围，填写“放样记录卡”，放样参加人应当在“放样记录卡”上签字。放样后，用地申请人方能动工建设。

（8）验收发证。新建、改建、扩建农村村民住宅，应当自房屋竣工验收合格之日起30个工作日内依法申请办理土地初始登记或者变更登记手续和房屋产权登记手续，领取土地使用权证书和房屋所有权证书。

“农村居民宅基地用地申请书”和“农村居民宅基地用地许可证”由省土地管理局统一印制。

2. 申请材料

农村宅基地申请报批时应分原地翻建和异地新建两种情况分别报送相关材料。

（1）属于原地翻建的。应报送：①农村村民用地申请书；②农村村民建设用地审批表；③户口簿复印件（与原件核对）；④原集体土地使用证书。

（2）属于异地新建的。应报送：①农村村民用地申请书；②农村村民建设用地审批表；③户口簿复印件（与原件核对）；④属于建新交旧的，提交原集体土地使用证，申请人与村委会签订归还旧宅基地合同；⑤城镇规划区内的农村村民在农民新村内建住宅的，应有县人民政府农民新村批复并提交建设行政主管部门颁发的选址意见书及规划许可证。

3. 审批宅基地的权限

农村居民住宅用地。经乡（镇）人民政府审核，由县级人民政府批准，其中，涉及占用农用地的，依照《土地管理法》第四十四条的规定办理审批手续。

第四十四条：建设占用土地，涉及农用地转为建设用地的，应当办理农用地转用审批手续，省、自治区、直辖市人民政府批准的道路、管线工程和大型基础设施建设项目、国务院批准的建设项目占用土地，涉及农用地转为建设用地的，由国务院批准。

在土地利用总体规划确定的城市和村庄、集镇建设用地规模范围内，为实施该规划而将农用地转为建设用地的，按土地利用年度计划分批次由原批准土地利用总体规划的机关批准。在已批准的农用地转用范围内，具体建设项目用地可以由市、县人民政府批准。

本条第二款、第三款规定以外的建设项目占用土地，涉及农用地转为建设用地的，由省、自治区、直辖市人民政府批准。

（三）农村宅基地的审查

农村宅基地的审查，一般从以下几个方面进行。

1. 申请宅基地条件的审查

（1）农村居民凡申请宅基地的必须符合下列条件之一。①因结婚等原因，确需建新房分户的；②现有住宅影响村镇规划需要搬迁的；③经县级以上人民政府批准回原籍落户，农村确无住房的；④因国家或乡（镇）企事业建设，公原住宅需要拆迁的；⑤离休、退休、退职职工、复退役军人和华侨、侨眷、港澳台同胞持合法证明回原籍定居，需建住宅的。

（2）有下列情况之一的，不得批准使用宅基地：①凡不符合以上5种情况的；②出卖、出租或者以其他形式非法转让房屋的；③一户有一处或一处以上住宅的；④户口已迁出，不在当地居住的；⑤其他按规定不应建房和安排宅基地用地的。

城镇非农业户口居民，不得在农村申请划拨宅基地：若确需占用乡（镇）村集体土地建设住宅的，经批准后，按国家建设征用土地的有关补偿规定，给土地所有单位以合理的补偿。对现有住宅出租、出卖或改为经营场所的，不但不批准新宅基地，还应按其实际占用土地面积，从经营之日起，核收土地使用费；对已迁出户口或“农转非”的人员，要适时核减，收回其宅基地。农村居民现有住宅超过当地规定标准的，村委会有权调剂安排。买卖房屋要履行审批手续，买主必须具备建房条件，卖主不得再申请宅基地。由于买卖房屋等原因而转移土地使用权的，要到土地管理部门办理权属变更手续。

2. 宅基地标准的审查

我国地域辽阔，自然条件差别较大，生活习惯各有不同。因山区、丘陵、平原、牧区、城郊集镇等情况不同，各地宅基地面积标准也不完全一致。省、自治区、直辖市人民政府应当根据本行政区域的情况制定本行政区域的宅基地标准。

县级人民政府可以根据本地具体情况，在省级人民政府规定的限额内制定本行政区域内的宅基地面积标准。宅基地的面积不得超过省、自治区、直辖市规定的标准。

根据《河南省实施〈土地管理法〉办法》规定，农村居民建设住宅，每户宅基地用地标准如下。

（1）城镇郊区和人均耕地六百六十七平方米以下的平原地区，每户用地不得超过134平方米；

（2）人均耕地六百六十七平方米以上的平原地区，每户用地不得超过167平方米；

（3）山区、丘陵区每户用地不得超过二百平方米，占用耕地的适用本款（1）、（2）项的规定。

各地区的宅基地面积标准已经制订，都必须严格遵守执行，作为审批宅基地的重要依据。

3. 宅基地其他方面的审查

《河南省农村宅基地用地管理办法》第五条规定农村宅基地的使用应遵循节约和合理利用每寸土地，切实保护耕地的原则，尽量利用荒废地、岗坡劣地和村内空闲地。村内有旧宅基地和空闲地的，不得占用耕地、林地和人工牧草地等。基本农田保护区、商品粮基地、蔬菜基地、名特优农产品基地等一般不得安排宅基地。

农村宅基地用地的安排要本着切实保护耕地和合理用地的原

则进行，除对申请建房条件、标准的审查外，还必须对如下几个方面进行审查。

（1）在安排建房用地时，要看村内有无空闲地可以利用，若有应考虑先安排空闲地；若村内确无空闲地可以利用，应先考虑安排荒地、坡地。

（2）看村内建筑布局是否合理，是否存在浪费土地现象，如确有布局不合理造成土地利用上的浪费，可否通过调整村庄布局来安排宅基地。

（3）看村内的道路是否符合规定标准，是否过宽。

（4）看建房户是否能建成楼房成联户建设以节约用地。

（5）农村建房户的住宅若超过二层（包含二层）以上的，必须由取得相应的设计资质证书的单位进行设计，或者选用通用设计、标准设计。

农村宅基地问题，涉及面广、政策性强，有些问题又错综复杂，如果处理得当，会起促进作用，如处理不当会产生很大的副作用，所以处理这类问题要本着有理、有力、有节的原则，不可掉以轻心。

三、农村宅基地的流转、继承与收回

（一）农村宅基地的流转

宅基地的流转是指宅基地使用权流转，宅基地使用权流转的含义，是指拥有宅基地使用权的主体将宅基地使用权转让给其他农户或经济组织。但只限定于转给本集体的人。

宅基地使用权属于用益物权。物权的取得分为原始取得和继受取得，因为我国目前禁止宅基地使用权的转让，宅基地使用权只能原始取得。宅基地使用权的原始取得是指不以他人的权利和意思为依据，根据法律的规定直接取得宅基地使用权。由于宅基地使用权的特殊性，其原始取得的情况基本上只有审批取得一种，而通过审批取得宅基地使用权的前提必须具备相应的主体资格，即必须是本集体经济组织的成员或其他法律明确规定可以获得宅基地使用权的人，城镇居民、一户多宅的人以及把原有住房出卖、出租或赠与他人的农村居民不得再申请宅基地使用权。

1. 农村宅基地的流转方式

（1）出租房屋形成事实上的出租宅基地。出租房屋是目前农村宅基地私下流转最为普遍的方式。农民在取得的宅基地上建房后，将房屋在一定期限内出租，个人获得租金收益，承租人将其作为住宅、办公、仓库或其他经营服务场所。

（2）买卖房屋形成事实上的买卖宅基地。有两种情况，一是随着社会经济的发展和城市化进程的推进，不少务工经商的农民逐步向城镇集聚，取得一定的经济收入后便在城镇购买商品房，而将原农村住宅连同宅基地出售给他人；二是将一户多宅又长期无人居住的房屋，出售给他人。

（3）新农村建设名义下的“小产权房”流转。“小产权房”实际上就是利用农村集体土地进行房地产开发，并向社会公开销售或以长期出租形式变相销售的商品房。这些项目多由农村集体经济组织与开发商联合开发。根据现行法律规定，此类住房只能对本集体经济组织成员销售，但由于种种原因，实际上也销向城镇居民，已有相当数量的城镇居民购买了此类房屋，形成了最为面广量大的农村宅基地流转。

2. 宅基地使用权的转让条件

（1）宅基地使用权的转让必须同时具备以下条件：①转让人拥有二处以上的农村住房（含宅基地）；②同一集体经济组织内部成员转让；③受让人没有住房和宅基地，符合宅基地使用权分配条件；④转让行为征得集体组织同意；⑤宅基地使用权不得单独转让，地随房一并转让。

（2）宅基地使用权不得单独转让，有下列转让情况，应认

定无效：①城镇居民购买；②法人或其他组织购买；③转让人未经集体组织批准；④向集体组织成员以外的人转让；⑤受让人已有住房，不符合宅基地分配条件。

根据《土地管理法》规定，宅基地只能在本村集体内流转。

3. 法律对农村宅基地流转的规定

（1）宅基地转让、出租的，不得再申请宅基地。《土地管理法》第六十二条第四款对村民建房用地（宅基地）做了规定："农村村民出卖、出租住房后，再申请宅基地的，不予批准。"

（2）宅基地不得买卖、不能非法转让。《土地管理法》第六十三条对涉及宅基地使用权在内的集体土地使用权的流转做了规定："农民集体所有的土地使用权不得出让、转让或者出租用于非农业建设；但是，符合土地利用总体规划并依法取得建设用地的企业，因破产、兼并等情形致使土地使用权依法发生转移的除外。"

《河南省农村宅基地管理办法》第四条规定：农村宅基地属于集体所有。农村居民对宅基地只有使用权，没有所有权。宅基地的所有权和使用权受法律保护，任何单位和个人不得侵占、买卖或者以其他形式非法转让。

《宪法》第十条第四款规定："任何组织或个人不得侵占、买卖或者以其他形式非法转让土地。土地的使用权可以依照法律的规定转让。"该条确立了宅基地所有权严格禁止买卖，宅基地使用权转让需依照法律规定的原则。

（3）宅基地使用权的转让应当办理变更登记。《中华人民共和国土地管理法实施条例》第六条规定："依法改变土地所有权、使用权的，因依法转让地上建筑物、构筑物等附着物导致土地使用权转移的，必须向土地所在地的县级以上人民政府土地行政主管部门提出土地变更登记申请，由原土地登记机关依法进行土地所有权、使用权变更登记。土地所有权、使用权的变更，自变更登记之日起生效。”表明包括宅基地使用权在内的土地使用权的变更需进行相应的变更登记。

《中华人民共和国物权法》第一百五十五条　已经登记的宅基地使用权转让或者消灭的，应当及时办理变更登记或者注销登记。

（4）宅基地使用权的转让，对受让主体有要求。宅基地并不是真正意义上的财产，只是一种使用权，所有权归村集体。宅基地不能买卖，但可以在本村集体内流转，经过土地管理部门依法批准，发放证件。

1996 年 5 月 6 日国务院办公厅发布的《关于加强土地转让管理严禁炒卖土地的通知》该通知第二条第二款规定：“农民的住宅不得向城市居民出售，也不得批准城市居民占用农民集体土地建住宅，有关部门不得为违法建造和购买的住宅发放土地使用证和房产证。

还如 2004 年 11 月国土资源部《关于加强农村宅基地管理的意见》（以下称《意见》）规定“严禁城镇居民在农村购置宅基地，严禁为城镇居民在农村购买和违法建造的住宅发放土地使用证”。从这些规定中似乎可以看出城镇居民购置农村住宅是违法的。

（5）宅基地使用权不能单独抵押、转让。我国《担保法》第三十七条规定：“下列财产不得抵押：……（二）耕地、宅基地、自留地、自留山等集体所有的土地使用权……”依据该法，宅基地使用权不能单独抵押。

《河南省土地管理法实施细则》第五十五条 依法以集体所有土地上的房屋、构筑物抵押的，必须先征得土地所有者的同意，再到土地行政主管部门办理土地使用权抵押登记。在处理抵押物时，由县级以上人民政府土地行政主管部门为土地使用权获得者办理土地征用或使用手续。人民法院依法执行集体所有土地上的

房屋、构筑物的，地上房屋、构筑物获得者应当到县级以上人民政府土地行政主管部门办理土地征用或使用手续。

（二）宅基地的继承

法律规定农村居民对宅基地只有使用权，没有所有权，所有权归农民集体所有，如《土地管理法》第八条规定“农村和城市郊区的土地，除由法律规定属于国家所有的以外，属于农民集体所有；宅基地和自留地、自留山，属于农民集体所有。”

《物权法》第一百五十二条中规定：宅基地使用权人依法对集体所有的土地享有占有和使用的权利，有权依法利用该土地建造住宅及其附属设施。

关于宅基地的继承问题虽然没有明确的法律来界定，但相关法律对宅基地的继承问题还是有一定的说明和限制的。如《继承法》规定继承的对象是遗产，遗产是公民生前的个人合法财产，即必须是该公民的个人、合法的财产。而宅基地并不属于个人财产，同时《继承法》中第三条指出遗产并没有包括宅基地，所以宅基地是不能够继承的。

我国土地和房屋是分别实行管理的。由于公民的房屋属于个人的合法财产，按照我国继承法的规定是可以继承的。我国《宪法》第一百零三条规定“国家依照法律规定保护公民的私有财产权和继承权”。《继承法》明确规定“公民的房屋是公民个人的合法财产，可以作为遗产予以继承”。也就是说，宅基地上的房屋是可以继承的，根据“地随房走”的原则，公民继承了房屋当然可以使用房屋所占的宅基地。所以不论是农村村民，还是城市户口的公民，都可以按照继承法的规定对房屋享受继承权，并且有权按照个人的意愿处置个人所有的房产。但是城市户口的公民在继承农村房屋时，还要受到土地法的限制。

1. 宅基地的继承对受继主体的要求

子女想要继承宅基地，就要满足两个条件，一个条件就是子女必须是农村户口，而且都要是同一个村集体的的成员。如果继承人是本集体经济组织成员，符合宅基地申请条件的，可以经批准后取得被继承房屋的宅基地；如果不符合申请条件，则可以将房屋卖给本村其他符合申请条件的村民。如果不愿出卖，则该房屋不得翻建、改建、扩建，待处于不可居住状态时，宅基地由集体经济组织收回。继承人是城市居民的，比照上述不符合宅基地申请条件的情形处理。

第二个条件就是“一宅一户”，子女的名下没有其他的宅基地，才可以继承父母的宅基地。

《土地管理法》中第六十二条规定：农村村民一户只能拥有一处宅基地，其面积不得超过省、直辖市、自治区规定的标准。所以如果家庭存在一户多宅、或者将户口迁出农村等情况，继承房屋倒塌、拆除之后，其宅基地也将会被农村集体组织收回！

在国土资发［2008］146号《国土资源部关于进一步加快宅基地使用权登记发证工作的通知》第三条第一款“严格落实农村村民一户只能拥有一处宅基地的法律规定。除继承外，农村村民一户申请第二宗宅基地使用权登记的，不予受理”。

2. 宅基地继承对继承客体的规定

此项问题需要分为两种情况进行解决。

（1）宅基地上建有房屋。此种情况由于房屋是属于村民的私有财产，所以房屋是属于《继承法》规定的继承范围之内，而由于农村的房屋与宅基地是秉持着“地随房走”的原则，所以可以通过继承宅基地上的房屋来获得宅基地的使用权，但需要注意的是宅基地的使用是通过房屋继承而获得，而不是继承宅基地。

（2）宅基地无房、闲置或者宅基地上房屋倒塌丧失财产价值：此种情况，由于宅基地上没有任何财产形物质，所以不能够继承该处宅基地，其宅基地也将被农村集体组织另行分配与处理。

宅基地属于集体，农民具有使用权，所以继承的也是使用权。但随着宅基地政策完善，2018 年宅基地确权结束，今后宅基地使用要按照规定。确权后，出现这 4 种情况的宅基地，则无法继承。

第一，宅基地上房屋倒塌或者宅基地长期闲置。

宅基地上房屋坍塌、长期未能修缮，或者宅基地长期闲置，将由集体收回，无法继承了。所以，今后宅基地不能长期闲置。

第二，未进行变更登记。

子女继承宅基地，无可厚非。对于房屋，子女具有继承权和所有权，但宅基地属于集体，也是登记在父母名下。如果子女继承宅基地使用权，要进行土地变更登记，然后才能继承宅基地使用权。另外，宅基地可以在本集体内转让，但不能在集体之外任何形式进行私自买卖。

第三，非本集体成员。

其实这部分最多的就是户口迁出农村、落户城镇。如果父母不在了，老家宅基地和房屋就闲置了。子女可以继承房屋，但不能继承宅基地，因为不是本集体成员。不能对房屋翻盖，等到房屋自然消失后，宅基地就被收回，集体再重新分配。

第四，违规宅基地。

在耕地上建房，将耕地用作宅基地，如果得到审批、有相关手续，给予确权后，子女可以继承。但如果是私自非法占用，不能给予确权，也就无从谈起继承了。

总的来说，宅基地是农民的宝贵财富，所以在宅基地确权后，要按照规定使用宅基地。保障自己的土地权益，未来才能享受更多的土地红利。

（三）宅基地的收回

以下情况的宅基地可以收回。

（1）空闲或房屋坍塌、拆除两年以上未恢复使用的宅基地。房子倒塌两年后，没有重建，由集体报经县级人民政府批准收回土地使用权，如果想继续使用，符合条件可以重新申请。

另外，如果申请的宅基地已满两年却没建房，也将由集体经济组织收回土地使用权，注销其土地登记。想建房子的时候，要再重新申请宅基地。

（2）非农业户口居民（含华侨）原在农村的宅基地，房屋产权没有变化的，可依法确定其宅基地使用权。房屋拆除后没有批准重建的，土地使用权由集体收回。

如农业户口转为非农业户口或移居境外后，就没有农村宅基地使用权的资格，但是原来在农村的房屋属于私有财产，依然受法律保护。所以你可以一直使用房屋，直到房子自然损坏，但没有重建的权利。

（3）接受转让、购买房屋取得的宅基地，与原有宅基地合计面积超过当地政府规定标准，按照有关规定处理后允许继续使用的，可暂确定其宅基地使用权。确定农村居民宅基地使用权时，其面积超过当地政府规定标准的，可在土地登记卡和土地证书内注明超过标准面积的数量。以后分户建房或现有房屋拆迁、改建、翻建或政府依法实施规划重新建设时，按当地政府规定的面积标准重新确定使用权，其超过部分退还集体。继承房屋取得的宅基地，可确定宅基地使用权。

四、农村宅基地纠纷与解决

（一）农村宅基地纠纷的6类常见情况

1. 土地管理部门违法审批引起的宅基地纠纷案件

2. 争占宅基地以外的集体空闲地引发的纠纷案件

3. 建房户私下调换宅基地引发的纠纷案件

4. 用地建房影响相邻关系人利益引发的纠纷案件

5. 未经共同使用人同意，部分共用人擅自使用共用的宅基地而引发的纠纷案件

6. 未经有关部门确权和统一规划的宅基地因界址不明引起的纠纷案件

（二）宅基地纠纷的处理原则

实践中，因宅基地使用权而发生的纠纷在民事纠纷中比较常见。对宅基地使用权纠纷应按下列原则妥善处理。

1. 依法保护国家、集体的宅基地所有权

我国土地分别属于国家和集体所有。根据《土地管理法》的规定，土地改革前的旧契约不能作为土地权属的依据。处理宅基地（土地）纠纷，应切实保护国家和集体的土地所有权。属于国家或集体所有的宅基地，集体组织或个人不得侵占、买卖或者以其他形式非法转让。

2. 依法保护公民、法人合法取得的宅基地使用权

根据《土地管理法》的规定，使用国有土地的单位或者个人，由县级以上人民政府登记造册，核发证书，确认使用权。土地使用权受法律保护，任何单位或者个人不得侵犯。农村居民建住房，应当使用原有的宅基地和村内空闲地。使用耕地的，由乡级人民政府审核后，报县级人民政府批准。未经批准的，不予保护。法人、公民合法继承的宅基地使用权除经统一规划或个别调整外，长期不变。另外，宅基地使用权包括合法取得和合法使用两个方面。对非法扩大、抢占宅基地甚至耕地的行为应依法宣布其无效，并可给予法律制裁。在使用宅基地过程中，妨碍公共利益，侵害他人房屋、通行、排水、通风、采光等相邻权的，应依法承担民事责任。

3. 宅基地使用权随房屋转移的原则

农村房屋发生买卖、继承、赠与等法律事由的，其所占宅基地的使用权随房屋所有权而转移。1984 年最高人民法院《关于贯彻执行民事政策法律若干问题的意见》中规定："公民在城镇依法买卖房屋时，该房屋宅基地的使用权应随房屋所有权一起转

归新房主使用。”关于办理农村房屋宅基地使用权转移手续问题，实践中应注意掌握一个时间界限，即在1982年《村镇建房用地管理条例》发布之前，农村房屋买卖中宅基地使用权均随房转移，无须办理批准手续；但自该《条例》之后，宅基地使用权须经过申请批准后方可随房转移。未经审查批准，宅基地使用权不能随房转移给买方，房屋买卖亦无效，但买主可将房屋拆走。村民迁居或者拆除房屋后腾出的宅基地，由集体收回使用，另作统一安排。但在农村合法继承的房屋，其宅基地使用权可以随房屋所有权而转移。

4. 尊重历史，面对现实，有利于生产、生活的原则

历史上我国对土地、山林大体上进行了4次确权，即土改、合作化、1962年“四固定”、1982年《宪法》颁布前后土地权属的重新登记。在处理土地纠纷时，一般应以“四固定”确定的权属为准，任何以其他理由而否认“四固定”时的确权均不予以支持；如果“四固定”时未确权的，发生纠纷应参照合作化或者是土改时确定的产权处理。在中华人民共和国成立后，已通过双方协商并达成合法协议或经上级处理决定或经人民法院裁决了宅基地的权属，具有法律效力。经过统一规定的宅基地，如果对宅基地的使用权发生纠纷，一般应以规划确定的使用权为准。未经规划的宅基地，对地界有争议的，可以参照土改时的确权情况处理。土改确权是对房屋宅基地的确权，但自1962年《农村人民公社工作条例修正草案》公布后，土改时确认的农村个人宅基地所有权即丧失法律效力，但宅基地的使用权仍归原所有人。依照最高人民法院解释的规定，如果原来四至明确的，应以四至为准；四至不明确的，应参照长期以来的实际使用情况，本着有利于生产、方便生活的原则合理地解决。

5. 促进经济发展，维护社会稳定的原则

土地的使用和经营管理情况直接影响到生产和经济发展。及

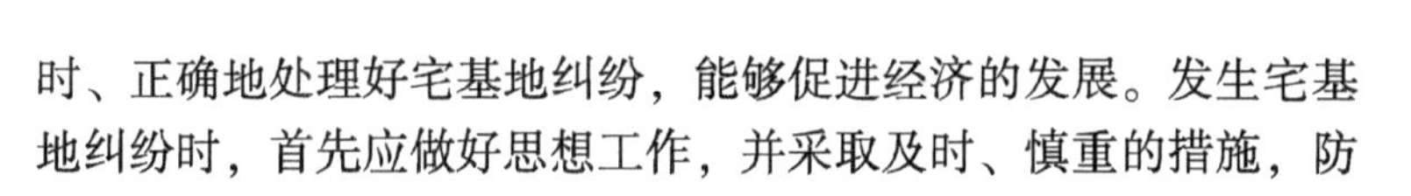

时、正确地处理好宅基地纠纷，能够促进经济的发展。发生宅基地纠纷时，首先应做好思想工作，并采取及时、慎重的措施，防止矛盾激化，依法合理地妥善予以解决，维护社会的安定团结。

（三）农村宅基地纠纷处理的办法

根据我国《土地管理法》的规定，宅基地纠纷的解决办法，主要有3种。

1. 协商解决

《土地管理法》第十六条第一款规定："土地所有权和使用权争议，由当事人协商解决。"据此规定，公民之间发生的宅基地纠纷，应当先通过协商的方式加以解决。

2. 行政解决

《土地管理法》第十六条第二款规定："个人之间，个人与单位之间争议，由乡级人民政府或者县级以上人民政府处理。"该法还规定，侵犯土地的所有权或者使用权争议，由县级以上地方人民政府土地管理部门责令停止侵犯、赔偿损失。

3. 司法解决

《土地管理法》第十六条第三款规定："当事人对有关人民政府的处理决定不服的，可以在接到处理决定通知之日起30日内，向人民法院起诉。这表明公民之间就土地的使用权和所有权发生的纠纷，只与按照《土地管理法》第十六条和第五十三条的规定，先经过有关行政机关的处理，对于处理决定不服，才可以向人民法院提起诉讼。否则，人民法院不予受理。但对于侵犯土地的所有权或者使用权的，被侵权人可以不经行政机关的处理，而直接向人民法院起诉。

此外，宅基地纠纷还可以通过人民调解来解决。人民调解是指在调解委员会（包括城市的居民委员会和农村的村民委员会）的主持下，以国家的法律、法规规章、政策和社会公德为依据，对民间纠纷当事人进行说服教育、规劝疏导，促进纠纷当事人互相谅解，平等协商，从而自愿达成协议，消除纷争的一种群众自治活动。

五、加强农村宅基地管理的措施

《关于农村土地征收、集体经营性建设用地入市、宅基地制度改革试点工作的意见》提出四大任务，其中之一就是改革完善农村宅基地制度。要求完善宅基地权益保障和取得方式，探索农民住房保障在不同区域户有所居的多种实现形式；对因历史原因形成超标准占用宅基地和一户多宅等情况，探索实行有偿使用；探索进城落户农民在本集体经济组织内部自愿有偿退出或转让宅基地；改革宅基地审批制度，发挥村民自治组织的民主管理作用。

为进一步加强农村宅基地管理，正确引导农村村民住宅建设合理、节约使用土地，切实保护耕地，国土资源部制定了《关于加强农村宅基地管理的意见》（国土资发［2000］234 号）（以下简称《意见》）。《意见》中提出了加强农村村民宅基地管理的措施。

（一）严格实施规划，从严控制村镇建设用地规模

1. 抓紧完善乡村土地利用总体规划

要结合土地利用总体规划修编工作，抓紧编制完善乡村土地利用总体规划，按照统筹安排城乡建设用地的总要求和控制增量、合理布局，集约用地，保护耕地的总原则合理确定小城镇和农村居民点的数量、布局、范围和用地规模。经批准的村土地利用总体规划，应当予以公告。国土资源管理部门要积极配合有关部门在已确定的村镇建设用地范围内，做好村镇建设规划。

2. 按规划从严控制乡村建设用地

要采取有效措施，引导农村村民住宅建设按规划、有计划地

逐步向小城镇和中心村集中。对城市规划区内的农村村民住宅建设，应当集中兴建农民住宅小区，防止在城市建设中形成新的“城中村”，避免“二次拆迁”。对城市规划区范围外的农村村民住宅建设，按照城镇化和集约用地的要求，鼓励集中建设农民新村。在规划撤并的村庄范围内，除危房改造外，停止审批新建、重建、改建住宅。

3. 加强农村宅基地用地计划管理

农村宅基地占用农用地应纳入年度计划。省（自治区、直辖市）在下达给各县（市）用于城乡建设占用农用地的年度计划指标中，可增设农村宅基地占用农用地的计划指标。农村宅基地占用农用地的计划指标应和农村建设用地整理新增加的耕地面积挂钩。县（市）国土资源管理部门对新增耕地面积检查、核定后，应在总的年度计划指标中优先分配等量的农用地转用指标用于农民住宅建设。

省级人民政府国土资源管理部门要加强对各县（市）农村宅基地占用农用地年度计划执行情况的监督检查，不得超计划批地。各县（市）每年年底应将农村宅基地占用农用地的计划执行情况报省级人民政府国土资源管理部门备案。

（二）改革和完善宅基地审批制度，规范审批程序

1. 改革和完善农村宅基地审批管理办法

各省（自治区、直辖市）要适应农民住宅建设的特点，按照严格管理，提高效率，便民利民的原则，改革农村村民建住宅占用农用地的审批办法。各县（市）可根据省（自治区、直辖市）下达的农村宅基地占用农用地的计划指标和农村村民住宅建设的实际需要，于每年年初一次性向省（自治区、直辖市）或设区的市、自治州申请办理农用地转用审批手续，经依法批准后由县（市）按户逐宗批准供应宅基地。

对农村村民住宅建设利用村内空闲地、老宅基地和未利用土

地的，由村、乡（镇）逐级审核，批量报县（市）批准后，由乡（镇）逐宗落实到户。

2. 严格宅基地申请条件

坚决贯彻“一户一宅”的法律规定。农村村民一户只能拥有一处宅基地，面积不得超过省（自治区、直辖市）规定的标准。各地应结合本地实际，制定统一的农村宅基地面积标准和宅基地申请条件。不符合申请条件的不得批准宅基地。农村村民将原有住房出卖、出租或赠与他人后，再申请宅基地的，不得批准。

3. 规范农村宅基地申请报批程序

农村村民建住宅需要使用宅基地的，应向本集体经济组织提出申请，并在本集体经济组织或村民小组张榜公布。公布期满无异议的，报经乡（镇）审核后，报县（市）审批。经依法批准的宅基地，农村集体经济组织或村民小组应及时将审批结果张榜公布。

要规范审批行为，健全公开办事制度，提供优质服务。县（市）、乡（镇）要将宅基地申请条件、申报审批程序、审批工作时限、审批权限等相关规定和年度用地计划向社会公告。

4. 健全宅基地管理制度

在宅基地审批过程中，乡（镇）国土资源管理局要做到“三到场”，即受理宅基地批准后，要到实地视查申请人是否符合条件、拟用地是否符合规划；要到实地丈量、批放宅基地；村民住宅建成后，要到实地检查是否按照批准的面积和要求使用土地，各地一律不得在宅基地审批中向农民收取新增建设用地土地有偿使用费。

5. 加强农村宅基地登记发证工作

市、县国土资源管理部门要加快农村宅基地土地登记发证工作，做到宅基地土地登记发证到户，内容规范清楚，切实维护农

民的合法权益。要加强农村宅基地的变更登记工作。变更一宗，登记一宗，充分发挥地籍档案资料在宅基地监督管理上的作用，保障“一户一宅”法律制度的落实。要依法、及时调处宅基地权属争议，维护社会稳定。

（三）积极推进农村建设用地整理，促进士地集约利用

1. 积极推进农村建设用地整理

县（市）和乡（镇）要根据土地利用总体规划，结合实施小城镇发展战略与“村村通”工程，科学制定和实施村庄改造、归并村庄整治计划，积极推进农村建设用地整理，提高城镇化水平和村镇土地集约利用水平，努力节约使用集体建设用地。农村建设用地整理，要按照“规划先行、政策引导、村民自愿、多元投入”的原则，按规划、有计划、循序渐进、积极稳妥地推进。

2. 加大盘活存量建设用地力度

要因地制宜地组织开展“空心村”和闲置宅基地、空置住宅、“一户多宅”的调查清理工作。制定消化利用的规划、计划和政策措施，加大盘活存量建设用地的力度。农村村民新建、改建、扩建住宅，要充分利用村内空闲地、老宅基地以及荒坡地、废弃地。凡村内有空闲地、老宅基地未利用的，不得批准占用耕地。利用村内空闲地、老宅基地建住宅的，也必须符合规划。对“一户多宅”和空置住宅，各地要制定激励措施，鼓励农民腾退多余宅基地。凡新建住宅后应退出旧宅基地的，要采取签订合同等措施，确保按期拆除旧房，交出旧宅基地。

3. 加大对农村建设用地整理的投入

对农民宅基地占用的耕地，县（市）、乡（镇）应组织村集体经济组织或村民小组进行补充。省（区、市）及市、县应从用于农业土地开发的土地出让金、新增建设用地土地有偿使用费、耕地开垦费中拿出部分资金用于增加耕地面积的农村建设用地整理，确保耕地面积不减少。

（四）加强法制宣传教育，严格执法

1. 加强土地法制和国策的宣传教育

各级国土资源管理部门要深入持久地开展宣传教育活动，广泛宣传土地国策、国情和法规政策，提高干部群众遵守土地法律和珍惜土地的意识，增强依法管地用地、集约用地和保护耕地的自觉性。

2. 强化日常监管制度

要进一步健全和完善动态巡查制度，切实加强农村村民住宅建设用地的日常监管，及时发现和制止各类土地违法行为。要重点加强城乡结合部地区农村宅基地的监督管理。严禁城镇居民在农村购置宅基地，严禁为城镇居民在农村购买和违法建造的住宅发放土地使用证。

要强化乡（镇）国土资源管理机构和职能，充分发挥乡（镇）国土资源管理局在宅基地管理中的作用。积极探索防范土地违法行为的有效措施，充分发挥社会公众的监督作用。对严重违法行为，要公开曝光，用典型案例教育群众。

小结

农村宅基地指农村集体经济组织为保障农户生活需要而拨给农户建造房屋及小庭院使用的土地。宅基地通常包含主要建筑物，附属建、构筑物以及房屋周围独家使用的土地。

农村宅基地使用权是农村居民在依法取得的集体经济组织所有的宅基地上建造房屋及其附属设施，农村宅基地属于集体所有。农村居民对宅基地具有占有、使用和有限制处分的权利。

农村村民申请宅基地应当按照一定的规程，在法律、法规允许的条件下申请。《河南省农村宅基地用地管理办法》对申请条件、申请程序、审批权限、农村宅基地的审查要求做了明确规定。

宅基地使用权的流转、继承与收回，包括流转形式、转让条件、继承要求、收回条件，及法律对农村宅基地流转、继承的规定。

农村宅基地纠纷解决办法包括协商解决、行政解决、司法解决。

加强农村村民宅基地管理的其他措施包括：严格实施规划，从严控制村镇建设用地规模；改革和完善宅基地审批制度，规范审批程序；积极推进农村建设用地整理，促进土地集约利用；加强法制宣传教育，严格执法。

专题六　农村建设用地政策与使用管理

一、农村建设用地概述

（一）农村建设用地的概念、类型

1. 农村建设用地的概念

农村建设用地即农村集体建设用地，是指属于农民集体所有的用于建造建筑物、构筑物的土地。《土地管理法》所称农民集体建设用地包括原有的农民集体土地中的建设用地和经依法办理了农用地转用手续的集体农用地。

农村集体建设用地产生于20世纪50年代初的农业合作化运动。它是为实行社会主义公有制改造，在自然乡村范围内，由农民自愿联合，农民将其各自所有的生产资料（土地、较大型农具、牲畜）投入集体所有，由集体组织农业生产经营，农民进行集体劳动，各尽所能，按劳分配的农业社会主义经济组织后，农户自己房屋占地及其未成为耕地的部分，包括房屋周边的林地、宅基地、荒地等不同叫法的土地，法律上已经为集体所有，实际为农民占有、长期拥有、无限期使用的这部分土地。

2. 农村建设用地的分类

根据我国《土地管理法》第四十三条规定："任何单位和个人进行建设，需要使用土地的，必须依法申请使用国有土地；但是，兴办乡镇企业和村民建设住宅经依法批准使用本集体经济组织农民集体所有的土地的，或者乡（镇）村公共设施和公益事

业建设经依法批准使用农民集体所有的土地的除外。”从条文中可见，我国将集体建设用地分为乡镇企业用地、村民住宅用地和乡（镇）村公共设施及公益事业用地。

所以，农村建设用地主要包括：农村企业用地、农村公益事业用地和公共设施用地，以及农村居民住宅用地。

（1）农村企业用地。农村企业是由农民兴办的，从事商品生产、交换、服务活动的盈利性经济组织，包括乡、村两级经济组织举办的企业、部分农民联营的合作企业和个体企业以及其他多种方式开办的企业。我国农村企业包括的内容十分广泛，主要包括：第一产业的种植、养殖业中的农村办的种植场、养殖场；第二产业的纺织、食品、缝纫、皮革、造纸、工艺美术、建筑等行业；第三产业的交通运输、商业、饮食服务业等。

（2）农村公共设施和公益事业用地。农村公共设施用地是指农村中适应公众的物质生活需要而建设的各种服务设施的用地，如道路、桥梁、供水、排水、电力、通信、公共交通、公共厕所、煤气供应设施、暖气供应设施的用地。农村公益事业用地指村中为进行社会和公众的文化、教育、卫生、医疗、保健及其他公共利益的需要而设置的各种事业用地，如小学、幼儿园、敬老院、卫生所（院）、体育场、商店、电影院等用地。

（3）农村居民建造住宅用地（略）。

（二）农村建设用地管理中需要解决的问题

我国人多地少，耕地后备资源不足。目前，全国总计有 68 万个行政村，2017 年全国农村人口 57 661 万人，占比 41.48%。

随着我国农村经济的发展，大批从农业中分离出来的剩余劳动力要转移到村、镇（乡）企业、商业和饮食服务业等非农产业中去，使村、镇企业，以及村、镇公共建设有很大的发展；富裕起来的农民又迫切要求改善自己的住房条件。这些都要占用一

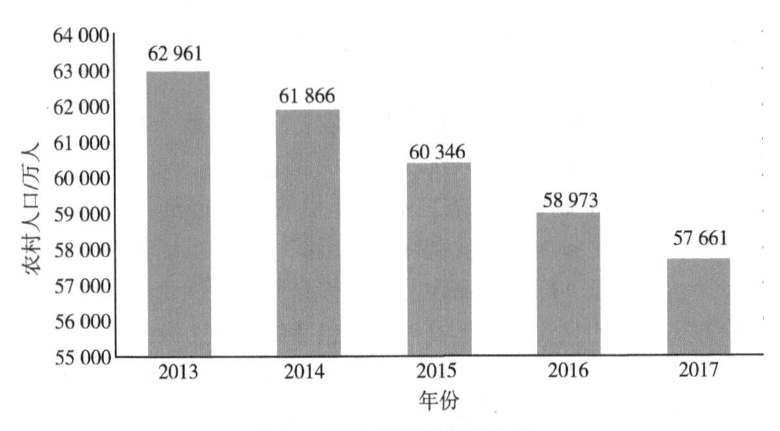

2013—2017 年我国农村人口

定数量的耕地，这使我国的村、镇建设用地表现出量大面广的特点。目前我国村镇建设用地总量是城市建设用地总量的 4.6 倍，且用地布局散乱、分散无序，粗放利用现象严重。我国农村居民点用地高达 16.4 万平方千米，接近于河南省的总面积，人均用地 185 平方米，远远超过国家标准。因此，根据土地利用总体规划、集镇村庄发展规划，对农村利用不充分的建设用地进行综合整治，提高土地利用率，这对进一步缓解城乡建设用地供需矛盾意义重大。

自贯彻《土地管理法》以来，村、镇建设用地管理工作得到了很大的改善，取得了一定的成绩，但由于管理制度不完善，措施不得力，仍存在着一些需要急待解决的问题，主要有如下几点。

1. 土地占用量与同期经济发展相比，增长过快

我国农村人口所占比重大，用地量基数本来就很大，再加上这几年随着我国农村经济的发展，大部分农民都富裕起来了，手里有了钱，盖房子相互攀比。村、镇企业也贪大，铺的摊子过

大，不考虑本身的具体情况。使乡村建设用地量急剧膨胀，严重影响我国的农业生产和整个国民经济的协调发展。

2. 缺乏统一规划，布局零乱分散

有些地方在美丽乡村建设中，搞大规划，有些地方在搞农村住宅规划时只强调整齐划一，不注意节约用地。发展村、镇企业不搞规划，随意占地。有些地方虽有村、镇规划，但各项建设均不执行规划，致使村镇建设用地布局零乱，造成土地利用上的极大浪费。

3. 土地利用率低

村、镇企业建设或其他村、镇建设项目一般都缺乏计划性，所以建设上带有很大的盲目性。首先，有些建设项目前期一般都缺乏科学严密的论证，随意性强，所以建设项目在建设过程中变化较大，有些半途而废，使大量的土地搁置，不能使用。其次，村镇企业包括的内容繁多，且规模大小不一，差别很大，情况复杂，在很多方面还很不规范，很难规定其具体的用地定额标准，使大部分村、镇企业建设用地量都超过其实际需用量，造成土地使用上的很大浪费。再次，有些村、镇企业虽然占地很多，但其经济效益很低，土地利用率极低。

4. 违法占地现象多

乡村农民一般文化水平较低，封建思想严重，法律意识不强，他们认为集体土地可随意使用，不经批准，就占地建房，超标准占多处宅基地；发展村、镇企业不按村镇规划，不履行审批手续，随意占地。乱造窑厂、乱挖耕地、非法买卖土地、非法转让土地，针对以上几种情况，在建设用地管理中，要把乡村、镇建设用地管理作为重点来抓，采取得力措施，运用多种手段，真正使合理使用土地、节约用地、依法用地、按计划用地都落到实处。

（三）农村建设用地管理的任务

农村建设用地管理的根本任务是以土地利用总体规划和村镇

建设规划为依据，结合本地的具体情况，依据“十分珍惜和合理利用每寸土地，切实保护耕地”的国策，合理组织各项用地，妥善安排好各项建设用地，使农村建设科学、有计划地进行，不断满足农村经济发展和改善人民物质文化生活的需要。

农村建设用地管理的具体任务有以下几个方面。

1. 土地管理部门要会同有关部门加快推进村级土地利用规划编制

改革开放以来，我国农村土地管理不断加强，各地通过编制实施土地利用总体规划，加强土地用途管制，严守耕地保护红线，不断提高节约集约用地水平，夯实了农业发展基础，维护了农民权益，促进了农村经济发展和社会稳定。同时，农村土地利用和管理仍然面临建设布局散乱、用地粗放低效、公共设施缺乏、乡村风貌退化等问题。正在开展的农村土地征收、集体经营性建设用地入市、宅基地制度改革试点，推进农村一、二、三产业融合发展以及社会主义新农村建设等工作，也对土地利用规划工作提出新的更高要求。当前，迫切需要通过编制村土地利用规划，细化乡（镇）土地利用总体规划安排，统筹合理安排农村各项土地利用活动，以适应新时期农业农村发展要求。

按照党中央、国务院关于做好新时期农业农村工作的部署要求，为了适应新形势下农村土地利用和管理需要，国土资源部正在加快推进村土地利用规划编制工作，2017 年 2 月印发了《关于有序开展村土地利用规划编制工作的指导意见》（国土资规［2017］2 号），鼓励有条件的地区编制村土地利用规划，充分衔接美丽乡村、特色小镇和新农村建设，统筹安排农村各项土地利用活动，优化土地利用结构布局，保障农村新产业、新业态和三产融合发展，为农村地区同步实现全面建成小康社会目标做好服务和保障。

2. 编制和执行建设用地计划

建设用地计划是进行建设用地宏观调控的重要手段，各级土地管理部门都必须根据国民经济和社会发展计划，在认真调查、分析、预测的基础上提出本地区在计划期间的村、镇建设用地计划，然后，由低到高逐级综合上报，为国家编制同期用地计划提供可靠的依据。国家将各地上报的用地计划进行综合平衡后，编制出国家建设用地计划，然后将国家建设用地计划中的村镇集体建设和个人建房用地的年度计划由上到下逐级分解下达。地方各级土地管理部门在审批用地工作中必须严格执行各项用地计划，没有计划指标的用地项目一律不予批准，以保证用地计划的落实。

3. 制订好各项法规和制度

为做到有法可依、有章可循，各级政府要依据国家的有关法规，结合当地的实际，制订出一套适合本地建设用地管理需要的行政法规和规章制度，作为建设用地管理的法律依据，以强化建设用地管理的手段，使农村建设用地管理走上法制化轨道。

4. 编制和执行农村建设用地定额标准

用地定额是衡量建设用地所需合理用地面积的尺度，是审批用地面积的依据，同时，完全配套的乡村建设用地定额标准也对编制乡村建设用地计划和土地利用规划有一定的参考作用。根据《土地管理法》规定，省级土地管理部门要组织好各项建设用地定额标准的编制工作。编制乡村建设用地定额标准要贯彻“十分珍惜和合理利用每寸土地，切实保护耕地”的基本国策，落实“一要吃饭、二要建设”的方针，坚持科学、求实的态度。既要有利于建设用地的科学管理，促进珍惜、合理用地，又要能促进经济的全面发展，使农村有限的土地资源发挥其应有的经济效益和社会效益。到目前为止，各地区完整配套的乡村建设用地定额指标体系已基本形成，建设用地定额标准已经批准实施，各级土地管理部门都必须认真执行。

5. 审批建设用地

《土地管理法》第六十一条　乡（镇）村公共设施、公益事业建设，需要使用土地的，经乡（镇）人民政府审核，向县级以上地方人民政府土地行政主管部门提出申请，按照省、自治区、直辖市规定的批准权限，由县级以上地方人民政府批准；其中，涉及占用农用地的，依照本法第四十四条的规定办理审批手续。

审批建设用地是建设用地管理的一个关键性环节，是一项综合性很强的工作。各级土地管理部门对村庄、集镇和农民正常生活所需要使用集体土地的，应根据国家和地方的有关法律、法规去进行审核报批、拨用和其他服务工作。

6. 建设用地的批后管理

批准用地并不是建设用地管理过程的终结，目前对建设用地管理都要求实行全程管理，即对建设用地实行批前、批中、批后的全过程实行管理。所谓批后管理主要是指对建设用地进行跟踪管理，看一看建设单位是不是按规定的用途和有关标准使用了土地，是不是有违法乱纪现象，否则就要对用地单位进行查处。目前，对于建设用地，尤其是乡村建设用地，批后管理搞得很差，今后，乃至很长一个时期内，乡村建设用地的批后管理仍是乡村建设用地管理部门应该加强的一项工作。

7. 搞好农村建设用地的有偿使用工作

农村建设用地有偿使用是我国农村土地使用制度改革的重要内容，同时也是我们用经济手段来管理建设用地的一条有效途径。目前，乡村建设用地的有偿使用工作已在很多地区开展，并取得了很大的成效。

（四）农村建设用地的用地原则

各级土地管理部门在安排农村建设用地时，都必须遵守以下几条原则。

1. 统筹兼顾、合理布局、节约用地、保护耕地

在安排各项用地时，首先要统筹兼顾，处理好建设用地与农业用地之间的关系，以及各项建设用地之间的关系。在安排各项建设用地时要充分布虑各项建设用地的特点和当地的自然经济条件，合理安排各项用地。发挥其最佳效用，以充分管理利用每一寸土地，各项建设用地都必须进行统一规划，并且各项建设用地都必须符合村镇规划，凡不符合村镇规划的建设用地，一律不准占地。凡有潜力可挖的建设用地，应充分挖掘其潜力，原则上不再批准占用新的土地。安排建设项目用地时应尽量优先考虑使用四荒地、空闲地，使保护耕地落到实处。

2. 维护社会主义公有制，保护土地使用者的合法权益

乡村土地的集体所有制是我国土地公有制的重要组成部分，维护土地的集体所有制也就是维护土地公有制，乡（镇）村建设用地都归集体所有，任何单位和个人都只有使用权，没有所有权。严禁农民在自留地、自留山、饲料地和承包地上私自建房、开矿、烧砖瓦、毁田取土和建坟等侵犯土地所有权的违法活动。同时也严禁任何单位和个人侵占、买卖和非法转让建设用地的活动。国家保护单位和个人对建设用地的合法使用权，任何单位和个人都不许侵犯。

3. 农村建设用地不得突破计划控制指标

建设用地国家都实行宏观调控，各项用地都必须按下达的计划指标严格控制。在规定的年度用地控制指标范围之内进行安排，并且各项用地指标不经批准，不能调剂使用。本年度内没有计划指标的建设用地，一律不予批准。计划指标年终有结余的，应如实上报，不得隐瞒，不准年终突击使用。

4. 按规划用地，依法办理审批手续

乡（镇）土地利用总体规划、村镇规划是农村建设用地管理的基本依据，必须按照土地利用总体规划和村镇规划的要求安

排乡（镇）村的各项建设用地。凡不符合土地利用总体规划、村镇规划的建设项目一律不准占地。

不论是乡镇企业、公共设施、公益事业用地还是农民宅基地都必须依法取得批准。依法办理审批手续，不然，都被视为非法占地，必须依法作出处理。

如果涉及占用农用地的，必须依法办理农用地转用审批手续。

二、农村建设用地相关法规

（一）《村镇建房用地管理条例》

在《村镇建房用地管理条例》里，规定了农村建房的基本原则：维护社会主义土地公有制原则；珍惜和合理利用每寸土地的国策；依法申请和使用原则；按照村镇规划进行建设；按照用地标准用地。

对村镇建房申请用地也做了一些限制：出卖、出租房屋的，不得再申请宅基地；对企业、事业单位申请用地审批权限做了规定；同时对农村建房也制定了一些奖惩规定。具体内容见下文。

（二）《中华人民共和国土地管理法》（参见专题一）

（三）《村庄和集镇规划建设管理条例》

在《村庄和集镇规划建设管理条例》里写明了制定本条例的目的、适用对象；村庄、集镇范围；主管村镇规划的行政主管部门；村、镇规划编制的原则和依据；村镇总体规划的主要内容；村、镇规划的批准权限；主要内容在于村庄和集镇规划的实施办法。

（四）《建设用地审查报批管理办法》

1. 写明了制定本法的目的

第一条 为加强土地管理，规范建设用地审查报批工作，根据《中华人民共和国土地管理法》（以下简称《土地管理法》）

《中华人民共和国土地管理法实施条例》(以下简称《土地管理法实施条例》)，制定本办法。

2.《建设用地审查报批管理办法》指出实施村庄和集镇规划占用土地的，农用地转用方案、补充耕地方案的审查、及方案内容

第八条 在土地利用总体规划确定的村庄和集镇建设用地范围内，为实施村庄和集镇规划占用土地的，由市、县国土资源主管部门拟订农用地转用方案、补充耕地方案，编制建设项目用地呈报说明书，经同级人民政府审核同意后，报上一级国土资源主管部门审查。

建设只占用农民集体所有建设用地的，市、县国土资源主管部门只需拟订征收土地方案和供地方案。

第十一条 农用地转用方案，应当包括占用农用地的种类、面积、质量等，以及符合规划计划、基本农田占用补划等情况。

补充耕地方案，应当包括补充耕地的位置、面积、质量，补充的期限，资金落实情况等，以及补充耕地项目备案信息。

征收土地方案，应当包括征收土地的范围、种类、面积、权属，土地补偿费和安置补助费标准，需要安置人员的安置途径等。

供地方案，应当包括供地方式、面积、用途等。

3.《建设用地审查报批管理办法》规定了农用地转用方案和补充耕地方案应当符合的条件

第十四条 农用地转用方案和补充耕地方案符合下列条件的，国土资源主管部门方可报人民政府批准：(一) 符合土地利用总体规划。(二) 确属必需占用农用地且符合土地利用年度计划确定的控制指标。(三) 占用耕地的，补充耕地方案符合土地整理开发专项规划且面积、质量符合规定要求。(四) 单独办理农用地转用的，必须符合单独选址条件。

第十七条　农用地转用方案、补充耕地方案、征收土地方案和供地方案经有批准权的人民政府批准后，同级国土资源主管部门应当在收到批件后5日内将批复发出。

第十八条　经批准的农用地转用方案、补充耕地方案、征收土地方案和供地方案，由土地所在地的市、县人民政府组织实施。

（五）《河南省农村宅基地管理办法》

《建设用地审查报批管理办法》写明了制定本法目的、适用对象；对宅基地权属性质、使用原则、用地条件、用地标准等做了规定。具体内容见下文。

第一条　为了切实加强农村宅基地用地管理，根据《中华人民共和国土地管理法》《河南省〈土地管理法〉实施办法》和国家有关规定，结合我省实际，制定本办法。

第二条　本办法所称农村宅基地用地是指农村居民个人取得合法手续用以建造住宅的土地，包括房屋、厨房和院落用地。

第三条　河南省土地管理局主管全省农村宅基地用地的管理工作，省辖市、县（市、区）土地管理部门负责本辖区内农村宅基地用地的具体管理工作。

第四条　农村宅基地属于集体所有。农村居民对宅基地只有使用权，没有所有权。宅基地的所有权和使用权受法律保护，任何单位和个人不得侵占、买卖或者以其他形式非法转让。

第五条　农村宅基地的使用应遵循“节约和合理利用每寸土地，切实保护耕地”的原则，尽量利用荒废地、岗坡劣地和村内空闲地。村内有旧宅基地和空闲地的，不得占用耕地、林地和人工牧草地等。基本农田保护区、商品粮基地、蔬菜基地、名特优农产品基地等一般不得安排宅基地。

第六条　农村居民建造住宅，应严格按照乡（镇）村建设规划进行。严禁擅自占用自留地、自留山建造住宅。

第七条　农村居民建造住宅，以户为单位，每户宅基地的用地标准，应严格按照《河南省〈土地管理法〉实施办法》第五十三条的规定执行。禁止任何单位和个人擅自突破用地标准。禁止随意套用地域类别。

第八条　具备下列条件之一的，可以申请宅基用地：（一）农村居民户无宅基地的；（二）农村居民户除身边留一子女外，其他成年子女确需另立门户而已有的宅基地低于分户标准的；（三）集体经济组织招聘的技术人员要求在当地落户的；（四）回乡落户的离休、退休、退职的干部、职工、复退军人和回乡定居的华侨、侨眷、港澳台同胞，需要建房而又无宅基地的；（五）原宅基地影响规划，需要收回而又无宅基地的。

第九条　有下列情况之一的，不得安排宅基地用地：（一）出卖、出租或以其他形式非法转让房屋的；（二）违反计划生育规定超生的；（三）一户一子（女）有一处宅基地的；（四）户口已迁出不在当地居住的；（五）年龄未满十八周岁的；（六）其他按规定不应安排宅基地用地的。

第十条　村民申请宅基地，应向村农业集体经济组织或村民委员会提出用地申请。农村宅基地的申报程序和审批权限按照《河南省〈土地管理法〉实施办法》第五十五条的规定执行。《农村居民宅基地用地申请书》和《农村居民宅基地用地许可证》由省土地管理局统一印制。

第十一条　农村宅基地用地实行计划管理。农村居民建住宅用地列入国民经济和社会发展计划，由省统一下达用地指标，并逐级分解，落实到村。宅基地用地计划指标必须严格执行，未经批准不得突破。

第十二条　农村居民建住宅，应一户一处按规定的标准用地。超过规定标准的，超过部分由村民委员会收回，报乡（镇）人民政府批准，另行安排使用。1982 年 7 月 23 日《河南省村镇建房用地管理实施办法》实施前已占用的宅基地，每户面积超过规定标准一倍以内而又不便调整的，经当地县级人民政府批准，按实际面积确定使用权。

第十三条　农村宅基地有偿使用应扩大试点，具体办法由省辖市人民政府根据实际情况确定。实行宅基地有偿使用试点的，应遵照“取之于户，收费适度；用之于村，使用得当”的原则，拟订收费标准，逐级报省物价局、财政厅批准后实行。收取的宅基地使用费实行村有乡（镇）管、专户储存、专款专用，主要用于本村的公共设施和公益事业建设，任何单位和个人不得侵占、挪用。并应建立严格的财务管理制度，公开账目，接受群众监督。

第十四条　城镇非农业户口居民建住宅需要使用集体所有的土地的，应当经其所在单位或者居民委员会同意后，向土地所在的村农业集体经济组织或者村民委员会或者乡（镇）农民集体经济组织提出用地申请。使用的土地属于村农民集体所有的，由村民代表会或者村民大会讨论通过，经乡（镇）人民政府审查同意后，报县级人民政府批准；使用的土地属于乡（镇）农民集体所有的，由乡（镇）农民集体经济组织讨论通过，经乡（镇）人民政府审查同意后，报县级人民政府批准。严禁城镇非农业户口居民个人私自向村民委员会或村民小组购地建房。

第十五条　县（市、区）、乡（镇）、村应把农村宅基地用地管理纳入地籍管理，以村为单位建立完善的地籍档案。宅基地使用权需要变更的，按照地籍管理的要求，报核发土地使用证部门办理变更登记和换证手续。

第十九条　买卖或者以其他形式非法转让土地建房的，由县级以上土地管理部门没收非法所得，限期拆除或没收买卖和其他形式非法转让的土地上新建的建筑物，并可以对当事人处以非法所得50%以下的罚款。

第二十条　经批准的宅基地划定后，超过一年未建房的，由原批准机关注销批准文件，收回土地使用权。

三、农村建设用地审批、流转、入市

（一）农村建设用地审批

农村建设用地审批包括乡村企业用地审批、乡村公共设施、公益事业建设用地的审批和农村宅基地的审批。

农村集体经济组织使用乡（镇）土地利用总规划划定的建设用地兴办企业或者与其他单位、个人以土地使用权入股、联营等形式共同举办企业的，应当持有关批准文件，向县级以上地方人民政府土地行政主管部门提出申请，按照省、自治区、直辖市规定的批准权限，由县级以上人民政府批准；其中，涉及占用农用地的，应先办理农用地转用审批手续。

乡村公共设施、公益事业建设需要使用土地的，由乡（镇）人民政府审核，向县级以上地方人民政府土地行政主管部门提出申请，按照省、自治区、直辖市规定的批准权限，由县级以上地方人民政府批准，其中，涉及占用农用地的，应先办理农用地转用审批手续。

1. 乡村企业建设用地的审批

（1）审批程序。乡村企业建设在满足其他建设条件的前提下，按下列程序审批用地。

申请用地：用地单位持县级以上地方人民政府批准的设计任务书或其他批准文件，首先向县级人民政府建设行政管理部门申请选址定点，经县级人民政府建设行政主管部门审查同意，并出具意见书后，建设单位方可持县以上有关部门有关建设项目的批准文件及建设行政主管部门的意见书，向县级人民政府的土地管理部门提出用地申请。

选址定点：土地管理部门根据建设部门的选址意见书，依据上级下达的年度用地指标，以及批准给用地单位的用地计划，本着统筹兼顾、合理布局、节约用地、保护耕地的原则，会同有关部门确定建设项目的合理地点。

批准用地：建设项目选址定点后，建设单位就进入建设项目的初步设计和总平面图的布置阶段。建设项目的初步设计和总平面布置图经有权部门批准后，建设单位持有关批准文件、材料，向县级土地管理部门正式申报用地，并按规定的权限逐级报批。

落实各项补偿、安置方案，签订用地协议：建设单位与被用地单位在土地管理部门的参与下，根据有关规定，应就用地的各项补偿费、安置补助方案进行具体协商，经双方协商同意后，签订用地协议。

划拨用地：项目经批准后，政府发给建设单位“建设用地批准证书”，在有关单位参与配合下，土地管理部门依据有关文件，到现场划拨。

登记发证：建设单位取得用地以后，建设单位需向县级以上人民政府建设行政主管都门提出开工申请，经县级以上人民政府建设行政主管部门对项目设计、施工条件检查合格后，方可开工。项目建成验收合格后，按国家有关规定，由县级人民政府办理用地登记，发放“集体建设用地使用证”。

（2）农村企业建设用地的审查。农村企业建设用地的审查可参照国家建设用地的审查过程进行，重点应注意以下几个方面。

项目批准文件的审查：主要看项目的批准文件是否有效，也就是审查项目的批准文件（可行性研究报告书、计划任务书、选址报告、设计任务等）是否是经有权部门批准的。

目前，各地在批准项目上，按投资规模都规定了相应的批准权限，如果一个项目没有批文，或者批文机关越权批地，批准文件无效，土管部门不能批给其用地。例如，乡（镇）村企业设

计任务书的批准权限规定，3 000 万元以上的工业项目，由省计委转报国家计委审批；500 万~3 000 万元的工业项目由省主管部门审批；100 万~500 万元的项目，由地市审批等。

项目选址的审查：主要是看选址是否科学、合理。项目的选址是否符合土地利用总体规划和村镇规划要求及建设项目对用地的一些特殊要求：如果是扩建项目，要考虑充分利用原有基地，以提高土地利用率，占用耕地的，要严格控制，可以调整非耕地的，要提出新的选址意见。

用地面积的审查：主要是根据建设项目的规模、性质，并结合当地的用地定额标准，确定用地数量与项目规模是否相符。凡制订了乡村企业用地定额标准的地区，一定要严格执行用地定额标准；还没有制订定额标准的地区，要参考同类工业项目用地定额标准。土地管理部门还要到现场做好用地的检查核对工作，以确保批准面积、范围、数量与实际占用面积相符。

项目总平面布置图的审查：项目总平面布置图是最后决定用地数量和用地范围的唯一依据。对它的内容和图面表示方法应该提出比较严格的要求。目前，在实际工作中，有不少乡村企业单位，自己绘制工厂总平面布置图，有的不符合制图要求，有的布置不合理，有的表示的内容深度不够，由于图纸绘制混乱，造成多占土地的现象相当严重，对此，土管部门应认真审查、核实。

项目污染情况的审查：我国乡村企业在某种程度上来说，是以牺牲环境为代价发展起来的，其从事的大多是有环境污染的生产项目，所以在审查时要特别注意。凡有污染的项目必须有县级环保部门的批准文件，否则一律不予批准。

报批材料的审查：主要是看应报的材料是否齐全、标准、准确，有无弄虚作假现象。如报批材料不全，应限期补齐，如存在弄虚作假观象，应责令其改正。

其他方面的审查：如交通管理，公共安全、消防等方面也要进行检查。

（3）农村企业建设用地补偿。乡镇企业建设用地补偿费用标准、补偿办法，应根据《土地管理法》规定，由各省、自治区、直辖市，根据本地的实际情况自行制订。给原用地单位或个人以适当的补偿，并妥善安置好农民的生产和生活。

2. 农村公共设施和公益事业用地的审批与审查

（1）农村公共设施和公益事业用地审批。农村公共设施和公益事业用地应按村镇规划进行合理配置。需要使用集体土地的，由项目主办单位持项目批准文件及其他应报送的有关材料向乡（镇）人民政府提出申请，经乡（镇）人民政府审核同意后，向县级人民政府建设行政主管部门申请选址、定点，建设行政主管部门出具选址意见书后，建设单位再向县级人民政府土地管理部门正式申请用地，经县级以上人民政府批准后，由土地管理部门负责划拨土地。

（2）农村公共设施和公益事业用地的审查。农村公共设施和公益事业用地，虽是为满足农村人民不断增长的物质文化生活的需要而占用的，也必须严格控制。其用地规模一般较小，用地数量较少，且就其总量来说，具有相对的稳定性，审查时没有国家建设用地和乡村企业建设用地那么复杂，但审查的过程、审查的方法、审查的内容都很相似，尤其是同农村企业建设用地的审查，这里就不赘述了。

（3）农村公共设施和公益事业用地的补偿。农村公共设施和公益事业用地补偿费用标准应参照《中华人民共和国土地管理法》和各省、自治区、直辖市制定的有关实施办法中的规定，对被占地单位支付土地补偿、安置补助及青苗、附着物补偿等。

3. 农村宅基地的审批（略）

（二）农村建设用地流转

农村集体建设用地流转，包括土地所有权流转、土地使用权流转。土地所有权流转是指由于公共利益的目的，国家征收土地，土地所有权由农民集体所有向国家所有转变的一种方式；农民集体所有建设用地使用权（以下简称集体建设用地使用权）流转，是集体土地所有权不变，依法取得并办理了土地登记（除农户法定的宅基地和乡镇、村公共设施、公益事业用地之外）的集体建设用地使用权，以转让、租赁、作价出资（入股）等方式发生转移的行为，是一种农村集体所有的土地权利全部或部分的从一个主体转移给其他主体的行为。

按照权利源泉的不同，即以权利转出是否是所有权人为标准，土地使用权的流转又可以划分为土地权利的初次流转和土地权利的再次流转。

初次流转的流转主体是集体建设用地所有者和使用者之间的流转，指的是农民集体经济组织根据“土地的所有权和使用权可以相分离”的原则，将集体建设用地的使用权，通过出租、转让、土地使用权折价入股等形式，与所有权相脱离，有偿或者无偿地转移或让渡给其他单位和个人的行为。可以看出初次流转的方式有划拨、出让、抵押、作价出资或入股等。

再次流转指的是已经从集体经济组织那里得到集体建设用地使用权的单位和个人，在法定使用期限或合同约定的使用期限届满之前，再以一定的形式，将该建设用地的使用权再转移给其他单位和个人的行为，它是不同的农村集体建设用地使用者之间的流转。它的流转方式有转让、出租、抵押、作价出资入股、继承等。

1. 我国农村集体建设用地流转的现状

根据《中国统计年鉴 2009》，除去不会轻易改变用途和发生流转的交通及水利设施用地，2008 年我国其他建设用地总量约为 2 691.7 万公顷。农村集体建设用地的总量约为 1 938 万公顷，其中，农民宅基地约 1 077 万公顷，乡（镇）村公共设施、公益事业用地约 646 万公顷，单位和个人用于生产和经营的集体建设用地约 215 万公顷。虽然我国现行的法律仅允许农村建设用地有条件地发生流转，而且可参与流转的建设用地范围很狭窄，但是随着经济的不断发展，农村集体建设用地的流转却在数量、规模以及地区覆盖面上呈不断扩大的趋势。

（1）我国农村集体建设用地流转累计数量较大，流转初具规模。改革开放初期，我国农村集体建设用地流转就已经出现了，经过 30 多年的发展，农村集体建设用地的流转已经是相当普遍了，特别是在经济发达的珠江三角洲、长江三角洲、京津地区以及大中城市的郊区。从 1997 年到 2001 年 5 月间，北京市发生 5 000 多宗集体建设用地流转，各区均有大量发生，涉及土地面积 8 000 公顷，流转总价款 29.9 亿元。江苏省苏州市 80%以上的集体建设用地已进入市场流转，累计总量超过了 7 300 公顷，占年均集体建设用地总量的 28%。面对全国各地农村集体建设用地私下流转盛行的现实，从 1999 年开始，国土资源部开始集体建设用地流转的试点工作，试点县、镇、区的集体建设用地流转数量和宗数都较试点前有了较大的增长，并形成了较大的规模。

（2）我国农村集体建设用地流转的形式多样化。经过多年的发展，集体建设用地的流转主要有出让、出租、作价出资入股、联营、抵押、置换等方式。

出让：在各地的实践中，以出让形式的流转在 20 世纪 80 年代后期和 90 年代前期比较常见。出让这一方式可以取得长期稳定的土地使用权，也便于融资，但是由于通过法定形式以外的流转方式所得农村集体建设用地使用权没有有效的法律保障，即使

获得了长期的土地使用权也很难保证其有自由经营土地的权利，因此，出让这种风险较大的流转方式目前已逐步为出租所取代，但是在一些流转刚发展起来的地区，这种方式还是比较普遍的。

出租：从近年来各地的实践看，出租土地是收益最直接、风险最小，也是最为长久的农村集体建设用地流转方式，出租的方式相对于出让的方式而言，在法律规定不明、预期模糊的情况下能较好地规避风险，显示出了其优越性。如江苏省张家港市的农村集体建设用地流转交易方式基本上是采用这一方式。2004—2007 年张家港市共发生集体建设用地流转 1 424 宗，全部以转让出租的方式交易。

入股、联营：这种流转方式在 20 世纪 80 年代后期和 90 年代前期较常见，但是由于经营的风险使得这种形式逐步为出租所取代。90 年代后期开始，这种流转方式主要出现在公共建设项目中。例如，上海市南汇区对市政道路用地涉及农村集体土地时规定由农民集体经济组织将土地使用权作价入股，实行保底分红，逐年递增分红收益的做法，这一做法，既节省工程的前期投资，又能保障农民有长期稳定的收益，取得了较好的社会效益和经济效益。同时这种流转方式在乡镇企业改制中也比较常见。

抵押：目前以抵押形式的农村集体建设用地流转主要发生在经济较发达的城市，特别是民营经济较为发达的东南沿海一带，由于开办企业或经商的资金不足，企业或者个人大多以所取得的土地使用权进行抵押。例如，至 2009 年 10 月，佛山市和江门市抵押方式的流转效绩良好，仅就建设用地使用权的抵押，佛山市 4 年就有 311 宗，抵押贷款 6 个多亿，江门市 180 宗，带来的资金增量为 5 个多亿。

（3）我国农村集体建设用地流转主体、地类多样化。目前，农村集体建设用地转让、出租方既有乡（镇）、村集体经济组织等土地所有者，也有乡镇政府和村民委员会等政府和村民自治组织，还有乡（镇）、村企业和个人等土地使用者；受让方既有本集体经济组织内部成员，也有其他集体经济组织及其他社会成员，包括国有企业、民营企业、个体工商户、外商投资企业等。总的来看，农村集体建设用地流转的主体呈现多元化的特点。

从具体土地用途来看，参与流转的集体建设用地地类也呈现多样化的特点，包括了工业生产用地、商业用地、房地产开发用地及公共设施用地等多种用地。

（4）我国农村集体建设用地流转的管理方式多样化。目前农村集体建设用地流转总体上缺乏统一的管理和规范。随着流转试点地区的逐步扩大，各地初步形成了各具特色的农村集体建设用地流转管理模式。一是规划区内外同等对待，实行“保权让利”的管理模式。即在保持集体土地所有权不变的前提下，按一定年期转让、出租、入股，收益大部分留给集体经济组织的管理模式。二是规划区内外同等对待，实行“转权让利”的管理模式。也就是将集体建设用地的所有权转为国有，并补办国有土地出让或租赁手续，收取的土地收益大部分返还集体经济组织。三是规划区内和规划区外分别对待的管理模式。

2. 农村集体建设用地流转存在的问题

（1）制度建设缓慢，不能对流转发挥规范作用。我国相关法律法规对于集体建设用地流转体制的建立和制度的完善存在以下问题：一是集体建设用地流转没有形成一个完整的体系，在实际管理和操作过程中不易把握；二是集体建设用地流转的配套制度改革还未到位。

（2）流转的市场体系不健全。经过 30 多年的发展，农村集体建设用地的流转已经具有相当大的规模，形成了农村集体建设用地流转的市场体系，但是这个市场体系还是不够健全的。

（3）缺乏有效的管理。

（4）寻租的问题严重。在农村集体建设用地的流转中可能

会出现两种情况的寻租。一是村干部在没有征得村民委员会或者村民小组同意的情况下，就将集体建设用地流转出去，并从中谋取租金的收入；二是村干部在征得村民的同意下，流转农村集体建设用地，但是在流转的过程中出现村干部与转入方合谋压低流转价格，村干部从中谋取私利。这两种情况的寻租行为，都产生了村民利益受损、资源配置扭曲、农村经济发展受阻等结果。

（5）集体经济组织的利益得不到保证、收益分配得不到保障。农村集体建设用地隐形流转无法可依，权利义务不清，在流转中土地产权不能得到有效的保障。隐形流转的主体一旦发生纠纷，无法寻求法律保护，容易导致目身利益受到损害。由于缺乏依法监管与有效地市场机制的调节，土地的资产属性在流转中不能得到充分体现，国家土地税费流失。加之农村土地产权关系混乱，集体经济组织结构不完善，使得本属于农民集体及农民的土地流转收益亦难以得到法律的切实保障。

3. 农村集体建设用地流转相关的法律规定

我国现行农村集体建设用地使用权流转的立法，大多明确限制农村集体建设用地的流转但并未严格地禁止。我国现行的农村集体建设用地流转的相关规定如下。

《宪法》第十条规定："城市的土地属于国家所有。农村和城市郊区的土地，除由法律规定属于国家所有的以外，属于集体所有；宅基地和自留地、自留山，也属于集体所有。国家为了公共利益的需要，可以依照法律规定对土地实行征收或者征用并给予补偿。任何组织或者个人不得侵占、买卖或者以其他形式非法转让土地。土地的使用权可以依照法律的规定转让。一切使用土地的组织和个人必须合理地利用土地。"这条第四款从根本上明确了作为土地使用权形式之一的农村集体建设用地使用权的可转让性。

《土地管理法》第六十三条规定："农民集体所有的土地的

使用权不得出让、转让、或者出租用于非农业建设。”

《物权法》第一百五十一条规定：“集体所有权的土地作为建设用地的，应当依照土地管理法等法律规定办理。”虽然《物权法》对建设用地使用权做了详细的规定，但是却回避了农村集体建设用地流转的问题，没有进行实质性的规定。

2004 年国务院《关于深化严格土地管理的决定》指出：鼓励农村建设用地整理，城镇建设用地的增加要与农村集体建设用地减少相挂钩。在符合规划的前提下，村庄、集镇、建制镇中的农民集体所有建设用地使用权可以依法流转。

2006 年国务院《关于加强土地调控有关问题的通知》规定：农用地转为建设用地，必须符合土地利用总体规划、城市总体规划、村庄和集镇规划，纳入年度土地利用计划，并依法办理农用地转用审批手续。禁止通过“以租代征”等方式使用农村集体所有农用地进行非农建设，擅自扩大建设用地的规模。农民集体所有建设用地的使用权流转，必须符合规划并严格限定在依法取得的建设用地范围内。

2007 年国发 71 号文件指出：农村住宅用地只能分配给本村村民，城镇居民不得到农村购买宅基地、农民住宅、小产权房。单位和个人不得非法租用、占用农民集体所有土地搞房地产开发。同时对土地使用权入股、村改居工程、以租代征、土地整理新增耕地面积等现象和做法做出了明确的纠偏意见。

2008 年中央一号文件指出：严格农村集体建设用地管理，严禁通过“以租代征”等方式提供建设用地。城镇居民不得到农村购买宅基地、农民住宅、或小产权房。开展城镇建设用地增加与农村建设用地减少挂钩的试点，必须严格控制在国家批准的范围内。

2008 年《中共中央关于推进农村改革发展若干重大问题的决定》指出：“逐步建立城乡统一的建设用地市场，对依法取得

的农村集体经营性建设用地，必须通过统一有形的土地市场、以公开规范的方式转让土地使用权，在符合规划的前提下与国有土地享有平等权益。”

2000 年，国土资源部在芜湖、苏州、湖州、安阳、南海等 9 个地区，进行了集体建设用地流转的试点工作。2002 年安徽省出台了《安徽省集体建设用地有偿使用和使用权流转试行办法》，此后，北京市、山东烟台市以及辽宁大连市也先后出台了类似的办法。

2005 年 6 月，《广东省集体建设用地使用权管理办法》颁布，自 2005 年 10 月 1 日起施行。根据规定，农村集体非农建设用地将视同国有土地，可以合法入市流转。村集体土地将与国有土地一样，按“同地、同价、同权”的原则纳入土地交易市场，强调了收益应该向农民倾斜。这是广东农村集体用地管理制度的重大创新突破，同时更是中国农村土地流转制度的创新突破。该办法允许在土地利用总体规划中确定并经批准为建设用地的集体土地进入市场，方式可以是出让、出租、转让、转租和抵押。

4. 河南省农民集体所有建设用地使用权流转管理若干规定

（1）集体建设用地使用权流转原则。集体建设用地使用权应遵循自愿、公开、公平、有偿、有限期、有流动和用途管制等原则。

（2）流转方式。城市规划区内的集体建设用地使用权流转可进入所在地有形土地市场公开交易。土地用途为商业、旅游、娱乐等经营性用地的，采取招标拍卖挂牌方式交易。以协议方式流转的，应当评估地价、集体决策、公开结果。

城市规划区以外的集体建设用地使用权流转时，在同等条件下，应当优先确定给本集体经济组织内部成员。确定给本集体经济组织以外的单位或个人的，应当经过本集体经济组织村民会议

2/3 以上成员或者 2/3 以上村民代表同意。

（3）流转条件。集体建设用地使用权流转应当符合下列条件。

①符合土地利用总体规划、城市和村镇建设规划；②符合产业政策调整和区域经济发展需求；③权属明晰、界址清楚，持有合法的土地权属证书。

（4）流转年限。集体建设用地使用权首次流转的使用年限，不得超过同类用途国有土地使用权出让的最高年限。再次流转的，流转年限为首次流转合同约定的使用年限减去已使用年限后的剩余年限。

（5）流转程序。集体建设用地使用权首次流转按下列程序办理。

①由土地所有者持土地所有权证、建设用地批准文件以及土地评估报告、土地流转合同（草签）和流转申请书等有关材料，向市、县（市）国土资源行政主管部门提出申请。②国土资源行政主管部门审查有关材料，对符合条件的，报市、县（市）人民政府批准；对不符合条件的，书面通知申请人，并说明原因。③土地所有者与土地使用者签订集体建设用地使用权流转合同。④按合同约定缴纳土地收益和有关税费后，办理土地登记，领取集体土地使用权证书。

经依法批准已经取得集体建设用地使用权的单位和个人，其使用的集体建设用地使用权需要流转的，由土地所有者与土地使用者按以上程序办理有关手续。

集体建设用地使用权再次流转的，经县（市）以上人民政府国土资源行政主管部门批准，由土地使用者双方签订新的流转合同。原流转合同载明的权利和义务随之转移。

下列农村集体建设用地使用权不得再次流转：未按首次流转合同的约定开发的农村集体建设用地；土地使用权属不清或存在

争议的；转让已设立抵押担保物权的农村集体建设用地，抵押人未通知抵押权人和未告知受让人的；已被依法查封、冻结的；超过土地使用权使用年限的；无建筑物的宅基地；法律、法规规定的其他情形。

签订集体建设用地使用权流转合同后30日内，到土地所在地市、县（市）人民政府国土资源行政主管部门申请办理土地登记。

（6）其他规定如下。

①市、县（市）人民政府应定期制订并公布本行政区域内各类集体建设用地使用权流转的最低限价，流转价不得低于最低限价。②县（市）以上人民政府国土资源行政主管部门负责本行政区域内集体建设用地使用权流转的指导、管理和监督。③集体建设用地使用权流转时，其地上建筑物、附着物随之转移。建筑物、附着物流转的，其集体建设用地使用权随之转移。④集体建设用地使用权流转确需改变土地用途的，要征得集体土地所有者的同意，报原批准机关批准。⑤土地使用者按照流转合同的约定向土地所有者缴纳土地收益。集体建设用地使用权流转时的土地收益主要用于集体经济的发展、公益事业的投入和农民生活的安置补偿。土地收益及使用情况，应当向集体经济组织成员公开，接受监督。⑥集体建设用地使用权流转发生增值的，土地增值收益中的10%归当地人民政府；其余90%归土地所有者和土地使用者，具体分配比例由市、县（市）人民政府确定。政府所得收益中60%归乡镇政府，40%归市或县政府，纳入财政专户，实行收支两条线管理，主要用于对集体建设用地流转的管理。⑦通过出让、转让和出租方式取得的集体建设用地使用权不得用于商品住宅开发，按照土地利用总体规划和城市规划可以用于商品住宅开发的，必须依法征为国有土地。集体建设用地使用权转让、出租和抵押时，其地上建筑物及其他附着物随之转让、出租

和抵押；集体建设用地上的建筑物及其他附着物转让、出租和抵押时，其占用范围内的集体土地使用权随之转让、出租和抵押。

国家为了公共利益的需要，依法对集体建设用地实行征收或者征用的，农民集体土地所有者和集体建设用地使用者应当服从。

5. 加强农村集体建设用地流转的改进措施

我国目前农村集体建设用地的隐形流通已成为不可否认的既定事实，必须建立一套完善的管理机制来规范这个市场，以避免造成更大的资源浪费和社会问题。规范农村集体建设用地流转市场，可从以下几个方面加强对农村集体建设用地流转的管理。

（1）建立与流转相适应的土地产权制度。我国农村土地产权制度因其历史发展原因，农村集体建设用地产权残缺，制约了农村集体建设用地的流转。明确农村集体建设用地所有权主体，是农村集体建设用地流转的前提。农村集体建设用地在流转的过程中，在不改变农民集体所有性质的前提下，应该赋予不同的农民集体间转移的权能；赋予原本应属于用益物权的他项权利。最后，要建立完善的集体土地产权登记制度，强化土地登记的程序和效力，强化土地登记的法律和社会意识。

（2）进一步明确农村集体建设用地流转的条件、交易主体地位和范围。农村集体建设用地流转要符合4个条件：符合各项规划；产权完整、权属没有争议；流转协议正式化和公证化；符合用途管制。

农村集体建设用地的交易主体既可包括集体经济组织，也可包括其他经济组织或个人，以扩大市场的交易面；集体土地使用权应当与国有土地使用权的权利基本相等，享有土地收益处分权，转让、出租和抵押权等；对其地上建筑物应当核发合法的产权证书。

农村集体建设用地流转的范围有两方面：首先，从用途上，

农村集体组织处于公共利益的目的可以使用农村建设用地；国家处于公共利益目的需要使用土地的，除可以使用国有土地外，需使用集体建设用地的，应依法实行征收或征用。在此范围之外的建设用地流转都应严格保留土地的集体所有性质，否则不予供地流转。其次，在使用主体范围上，参与流转的各类主体应在国家规划和市场调控共同调节下公平享有各种权利，增强其市场竞争力。

（3）规范政府的管理内容。政府在农村集体建设用地流转中应重点做好以下工作：一是对现有集体建设用地进行调查清理，为政府制定土地供给计划和有效、有序引导集体建设用地进入土地一级市场、二级市场提供科学依据；二是应当通过土地储备和与土地复垦、整理相结合的土地置换的方式盘活存量集体建设用地；三是研究制定适合本地区实际的集体建设用地流转管理的规范性文件。

（4）修改和完善农村集体建设用地流转的法律法规。要使集体建设用地流转在全国推广，最终必须要有法律保证。建议尽快制定《农村集体建设用地管理条例》《农村集体建设用地价格标准》《农村集体建设用地有偿使用办法》等，将集体建设用地使用权流转逐步引向科学化、规范化、法制化轨道，形成完整的管理和调控体系。

（5）完善土地利用的总体规划制度。新出台的《城乡规划法》，将城市和农村进行一体规划和建设。重视农村的规划和建设，严格依法制定规划，严格执行规划。按照法律规定，土地的用途、土地的使用权流转都必须以土地利用总体规划和村镇规划为依据，即先有规划，后有使用和流转。

（三）农村建设用地入市

农村集体建设用地存量巨大。据有关统计，截至 2014 年年底，我国农村集体建设用地面积达 3. 1 亿亩，其中经营性建设用地面积 4 200 万亩，约占集体建设用地的 13.3%。如此大规模的建设用地开发利用，需要和城镇化、乡村振兴等大战略一起系统谋划、统筹考虑。

1. 农村集体建设用地入市相关法规、政策与规定

近年来，农村集体建设用地入市流转逐步取得法规政策认可。为集体经营性建设用地入市提供了政策支持。

1988 年《宪法》修改后，我国可以建立土地市场，土地作为生产要素之一，也可进入市场进行流通，如土地使用权出让、转让、出租、抵押等。

2008 年，十七届三中全会进一步明确提出“促进公共资源在城乡之间均衡配置、生产要素在城乡之间自由流动；逐步建立城乡统一的建设用地市场。”

2013 年 7 月，习近平总书记在武汉部分省市负责人座谈会上提出，加快形成全国统一开放竞争有序的市场体系，着力清除市场壁垒，提高资源配置效率。

2013 年，十八届三中全会通过《中共中央关于全面深化改革若干重大问题的决定》，强调建立城乡统一的建设用地市场，在符合规划和用途管制前提下，允许农村集体经营性建设用地出让、租赁、入股，实行与国有土地同等入市、同权同价。缩小征地范围，规范征地程序，完善对被征地农民合理、规范、多元保障机制。扩大国有土地有偿使用范围，减少非公益性用地划拨。建立兼顾国家、集体、个人的土地增值收益分配机制，合理提高个人收益。完善土地租赁、转让、抵押二级市场。

集体土地入市正是发展要素市场、建立城乡统一、开放、竞争有序的土地市场的必要条件，是完善社会主义市场经济的一项重要任务，是发挥市场在土地资源配置中基础作用的需要，是加快经济发展方式转变的需要。对此，中央用了“加快”二字以显示问题解决的迫切性。

2014 年 12 月，习近平总书记先后主持召开中央全面深化改革领导小组第七次会议和中央政治局常委会会议，审议通过《关于农村土地征收、集体经营性建设用地入市、宅基地制度改革试点工作的意见》（以下简称《意见》），《意见》对集体经营性建设用地入市提出如下两点意见。

一是明确入市的条件和范围。二是明确集体经营性建设用地入市规则和监管措施。

2015 年初，经全国人大常委会授权，全国 33 个县（市、区）开展“三块地”改革试点，即农村土地征收、集体经营性建设用地入市和宅基地制度改革试点。其中，集体经营性建设用地入市是非常关键的一环。这是因为，集体经营性建设用地入市，将改变长期以来地方政府高度垄断建设用地一级市场的征地供给模式。

2018 年底，《土地管理法修正案（草案）》（下称《草案》）提请十三届全国人大常委会第七次会议进行初次审议，删去了现行《土地管理法》中关于“从事非农业建设使用土地的，必须使用国有土地或者征为国有的原集体土地”的规定。成为中国集体建设用地市场变化的转折点。

为深入贯彻落实中央经济工作会议精神，国家发展改革委员会 2019 年 4 月 8 日印发《2019 年新型城镇化建设重点任务》，其中明确提出允许农村集体经营性建设用地入市。

2017 年 1 月，国土资源部印发《关于完善建设用地使用权转让、出租、抵押二级市场的试点方案》的通知，对全面开展完善建设用地使用权转让、出租、抵押二级市场试点做出重要部署。试点地区涉及 30 个省（区、市）的 34 个市县（区）。

2. 农村集体经营性建设用地入市概念

（1）集体经营性建设用地概念。农村集体经营性建设用地，是指在土地利用总体规划、城乡规划中确定为工矿仓储、商服、旅游等经营性用途的农村集体建设用地。

（2）农村集体经营性建设用地入市的定义与主体。农村集体经营性建设用地入市，是指在所有权不变的前下，按照依法、自愿、公平、公开的原则，使用权在一定期限内以有偿方式发生转移的行为。

集体土地入市的供方市场主体。在一级市场上，是集体经济组织的村民大会或村民代表大会；若是土地股份合作社，则是其股东大会。只有股东们才有权决定集体土地的建设用地使用权是否入市流转。村支书、村委会主任只是他们委托的代理人，无权决定某宗集体土地是否入市，以免村支书、村主任等少数人出于私利，肆意出租、出让集体土地。二级市场的市场主体是集体土地的建设用地使用权人或宅基地使用权人，他们只能转让其合法取得的建设用地使用权或宅基地使用权，不能自行设定建设用地使用权或宅基地使用权，不能把承包经营权当作建设用地使用权出租或出让。

买方市场主体包括：中华人民共和国境内外的公司、企业、其他组织和自然人，除法律、法规另有规定外，均可依法取得农村集体经营性建设用地使用权进行开发、利用、经营。

3. 集体经营性建设用地入市条件和范围

中央试点《关于农村土地征收、集体经营性建设用地入市、宅基地制度改革试点工作的意见》要求，“存量农村集体建设用地中，土地利用总体规划和城乡规划确定为工矿仓储、商服等经营性用途的土地，在符合规划、用途管制和依法取得的前提下，可以出让、租赁、入股。”

（1）工矿仓储、商服等经营性用途的土地才能入市。这就是说，宅基地使用权不能入市；集体的公益性事业、公共设施用地使用权也不能入市。

只有集体经营性建设用地才能入市，而不是所有农村集体建

设用地。经营性建设用地，是指以纯粹盈利为目的，进行相关建设的土地，国有经营性建设用地包括“工业、商业、旅游、娱乐和商品住宅”，在农村集体建设用地方面，只有乡镇企业用地才符合集体经营性建设用地的性质，在符合一定条件下，才能入市。

宅基地排除在经营性建设用地之外。根据我国相关法律的规定，宅基地具有福利性质，只能由本集体经济组织的成员才能申请，用于自住，不能建商业住房。也就是说，宅基地只能自用，而不能进行经营。另外，农民对宅基地只有使用权，建在宅基地上的住房才是农民的私有财产，土地则属于集体所有，因此，农民不能将宅基地用于入市流转。

（2）集体经营性建设用地在符合规划、用途管制和依法取得的前提下，可以入市。

4. 集体经营性建设用地入市方式

依法取得的农村集体经营性建设用地使用权，在使用期限内可以转让、出租、抵押。其中，农村集体经营性建设用地使用权出让、作价出资（入股）最高年限按以下用途确定。

（1）工矿、仓储用地50年。

（2）商服、旅游等用地40年。

（3）农村集体经营性建设用地使用权租赁最高年限为20年。

农村集体经营性建设用地出让：是指农村集体经营性建设用地所有权人将农村集体经营性建设用地使用权在一定期限内让与土地使用者，并由土地使用者向农村集体经营性建设用地所有权人支付土地使用权出让金的行为。

农村集体经营性建设用地租赁：是指农村集体经营性建设用地所有权人将农村集体经营性建设用地一定期限内的使用权租赁给土地使用者，由土地使用者根据合同约定支付租金的行为。

农村集体经营性建设用地作价出资（入股）：是指农村集

体经营性建设用地所有权人以一定期限的农村集体经营性建设用地使用权作价，作为出资与他人组建新企业或增资入股到已有企业的行为，该土地使用权由企业持有。农村集体经营性建设用地的土地使用权作价出资（入股）形成的股权由集体所有权人持有。

农村集体经营性建设用地使用权转让：是指农村集体经营性建设用地使用权人将农村集体经营性建设用地使用权再转移的行为。未按土地使用权出让合同规定的期限和条件投资开发、利用土地的，土地使用权不得转让。

农村集体经营性建设用地使用权抵押：是指将农村集体经营性建设用地使用权作为债权担保的行为。以出让、作价出资（入股）和转让方式取得的农村集体经营性建设用地使用权可参照国有建设用地使用权抵押的相关规定办理。

农村集体经营性建设用地使用权抵押应当办理抵押登记；抵押权因债务清偿或其他原因而消灭的，应当办理注销抵押登记。

以租赁方式取得的农村集体经营性建设用地使用权抵押的：其抵押最高期限不得超过租金支付期限，抵押登记证应当注明租赁土地的租赁期限和租金交纳情况。

5. 集体经营性建设用地入市程序

农村集体经营性建设用地出让、租赁交易形式有招标、拍卖、挂牌和协议等方式。其工作程序可参照国有建设用地招标、拍卖等办法执行。

6. 建立农村集体经营性建设用地入市制度

《关于农村土地征收、集体经营性建设用地入市、宅基地制度改革试点工作的意见》提出四大任务，其中之一就是建立农村集体经营性建设用地入市制度。包括完善农村集体经营性建设用地产权制度，赋予农村集体经营性建设用地出让、租赁、入股权

能；明确农村集体经营性建设用地入市范围和途径；建立健全市场交易规则和服务监管制度。当务之急做好以下两点。

（1）建立与入市流转相适应的土地产权制度。当前农村集体土地产权制度存在的缺陷主要表现为：产权主体界定不明和权利内涵的模糊性，土地产权关系混乱和权能残缺，资源配置的僵化和对要素市场流转的阻碍等。对策：开展土地确权登记和权属审查，确保入市土地产权清晰，在充分调研基础上，弄清土地产权归属，颁发农村房地一体的不动产权籍调查和确权登记证书。在进行集体建设用地确权登记的基础上，对农村范围内集体经营性建设用地产权归属、合法性和四至、面积等进行全面排查，为入市提供前提。集体经营性建设用地入市管理办法对入市的建设用地进行严格限制，具体要求产权 明晰、无权属争议，未被司法机关、行政机关限制土地权利，以及土地补偿到位等，更好地避免了入市后期集体建设用地的产权纠纷。

（2）建立健全市场交易规则。健全农村建设用地交易的一级市场和二级市场，完善市场交易规则。一级市场的划拨、作价入股、协议出让、招标拍卖挂牌，各有各的前提条件和约束规则；但到了二级市场，在土地转让、出租、抵押过程中，容易出现一些漏洞。完善土地二级市场，是意图健全整个土地市场，也算是建设现代市场体系的一部分，是推进供给侧结构性改革的一个方面。根据国土资源部印发的《关于完善建设用地使用权转让、出租、抵押二级市场的试点方案》，到 2018 年底，建立符合城乡统一建设用地市场要求，产权明晰、市场定价、信息集聚、交易安全的土地二级市场，市场规则基本完善，土地资源配置效率显著提高，形成一批可复制、可推广的改革成果，为构建城乡统一的建设用地市场、形成竞争有序的土地市场体系、修改完善相关法律法规提供支撑。

试点主要有 5 项重点任务：

一是完善交易机制。完善建设用地使用权转让、出租、抵押机制。

二是创新运行模式。从平台建设、交易流程、交易监管等方面创新土地二级市场的交易模式。

三是健全服务体系。规范社会中介组织，完善咨询、调解服务、提高效率。

四是强化部门协作。法院、国有资产、国土等相关部门要在涉地司法处置和涉地资产处置等方面加强协作，而不能自行其是，各自为政，多头管理。

五是加强监测监管。完善市场调控、强化价格监管、加强合同履约监管、责任追究。

严格的监管制度，由国土部门负责集体经营性建设用地入市的管理、监督和指导工作，并且与规划、国土等部门负责用地入市合法性的鉴证和审批。市场管理人员需要做的是：汇集土地供方、需方的信息，审查供方、需方信息的合法性（集体土地入市的经办人是否有集体经济组织的委托，提供的集体土地是否有合法的产权，土地用途是否符合土地用途分区的用途管制规则），也可规定交易规则和提供交易场所。集体土地市场交易的租金、地价不要由市场管理人规定，可以由中立的中介机构来评估，由供需双方平等协商或竞争的市场机制来定。

专题七　农村土地承包经营权与流转

一、农村土地承包过程中七大注意事项

《中华人民共和国农村土地承包法》（以下简称《农村土地承包法》）家庭承包，是指集体经济组织按照公平分配、人人有份的原则，统一将耕地、林地、草地承包给本集体经济组织农户的一种承包方式。

在实际生活中，对于土地农民最关心的是什么？下面就根据农民的切身利益，来解读下《农村土地承包法》的各项规定。

1. 《农村土地承包法》在维护妇女权益方面有哪些规定？

该法第六条：农村土地承包，妇女与男子享有平等的权利。第三十条：承包期内，妇女结婚，在新居住地未取得承包地的，发包方不得收回其原承包地；妇女离婚或者丧偶，仍在原居住地生活或者不在原居住地生活，但在新居住地未取得承包地的，发包方不得收回其原承包地。

2. 农村土地承包纠纷的解决途径有哪些？

双方当事人可以通过协商解决，也可以请求村民委员会，乡（镇）人民政府等协调解决。当事人不愿协商调解或协商、调解不成的，可以向农村土地承包仲裁机构申请仲裁，也可以直接向人民法院起诉。

3. 对承包耕地进行适当调整有哪些规定？

《农村土地承包法》第二十七条：承包期内，发包方不得调

整承包地。但因自然灾害严重毁损承包地等特殊情形对个别农户之间承包的耕地和草地需要适当调整的，必须经本集体经济组织成员的村民会议三分之二以上成员或者三分之二以上代表的同意，并报乡（镇）人民政府和县级人民政府农业等行政主管部门批准。

4. 哪些土地应当用于调整承包土地或承包给新增人口？

①集体经济组织依法预留的机动地；②依法开垦等方式增加的土地；③承包方依法自愿交回的土地。

5. 外来人口如何办理土地承包手续？

外来人口承包土地，要具体情况具体对待。对实行家庭承包的农村土地，承包方限于集体经济组织内部，其他集体经济组织农户、集体经济组织以外的单位和个人都不能作为承包方，只能通过依法流转取得土地承包经营权。对采取其他方式承包的“四荒”等农村土地，承包方可以是本集体经济组织以外的单位和个人，但发包方发包给外来人口前，应当取得本集体经济组织大多数成员的同意。而在签订承包合同前，发包方还必须对外来承包人进行资信调查，对其经营能力进行审查，再签订承包合同。

6. 在什么情况下，农村集体经济组织可以收回土地承包经营权？

为了稳定农村土地承包关系，保护农民的土地承包经营权，在承包期内，发包方原则上不得随意收回、调整承包方的承包地。

只有在下述 3 种情况下，农村集体经济组织才可以收回农户的承包地：一是承包期内，承包方全家迁入城市，并转为非农业户口的，应当交回承包的耕地和草地。承包方不交回的，发包方可以收回。二是承包期内，承包方死亡绝户的，承包方自然消亡，发包方可以收回。三是承包方提前半年向发包方提出书面报

告，自愿放弃土地承包权，发包方可以收回。

7. 如何理解“增人不增地，减人不减地”？

1993 年，中央提出了“增人不增地，减人不减地”的政策。1997 年，中央又做出了“在第一轮土地承包到期后，土地承包期再延长三十年”，并且实行“大稳定、小调整”。特别是 2003 年出台的《农村土地承包法》，把党的这一政策用法律的形式固定下来，使党的政策上升为国家法律。

“增人不增地，减人不减地”主要体现了如下几个原则：

一是维护农村土地承包关系的长期稳定，进一步调动农民的生产积极性。

二是土地承包要尊重多数农民的意愿，坚持公开、公平、公正的原则。正确处理国家、集体、农民的利益关系。

三是在稳定承包关系的基础上，支持和保护土地承包经营权依法、自愿、有偿流转。

二、农村土地承包合同签订及注意事项

1. 土地承包经营权流转合同

土地承包经营权流转，是指通过承包取得的土地承包经营权可以依法采取转包、出租、互换、转让或者其他方式流转。承包方流转农村土地承包经营权，应当与受让方在协商一致的基础上签订书面流转合同。农村土地承包经营权流转合同一式四份，流转双方各执一份，发包方和乡（镇）人民政府农村土地承包管理部门各备案一份。承包方将土地交由他人代耕不超过一年的，可以不签订书面合同。

2. 签订原则

①平等协商、自愿、有偿，任何组织和个人不得强迫或者阻碍承包方进行土地承包经营权流转；②不得改变土地所有权的性质和土地的农业用途；③流转的期限不得超过承包期的剩余期

限；④受让方须有农业经营能力；⑤在同等条件下，本集体经济组织成员享有优先权。

3. 主要内容

①双方当事人的姓名、住所；②流转土地的四至、坐落、面积、质量等级；③流转的期限和起止日期；④流转方式；⑤流转土地的用途；⑥双方当事人的权利和义务；⑦流转价款及支付方式；⑧流转合同到期后地上附着物及相关设施的处理；⑨违约责任。

4. 农村土地承包经营权流转合同签订中存在的问题

在我国土地流转过程中，普遍存在土地流转过程不规范，手续不健全等问题，或者是双方仅只是定下口头协议，或者是签订的土地流转合同里条款不清、权责不明，使得许多农民心里不够踏实，总担心土地流出后自己的权益无法保障，更可能为日后的纠纷产生埋下隐患。具体来说，土地流转合同管理中存在以下常见问题。

土地流转合同的无效化表现：流转方未具备土地使用权基础，在签订土地流转合同中，有的是作为土地所有权主权人的农户以及土地发包方的村镇集体对土地进行重复流转，并签订了多份土地流转协议；有的是非农户户主为协议人签订的土地流转合同；有的是签订合同的当事人是限制民事行为能力人或无民事行为能力的人，这都造成土地流转合同的无效化。

土地流转合同内容不规范：一是不采用规定的统一格式文本、不按“合同”条款约定规范填写。受让方自行拟定合同条款，合同的式样和内容与统一格式文本差异较大。二是合同用词不当。有的土地流转明明是出租，但合同却把“出租”写成“转让”，这其中的差别是，出租承包土地，农民仍享有土地承包权；转让承包土地，农民将失去土地承包权。三是签订土地流转合同没有落款日期，不知合同何时签订，也没有表明合同的生

效日期。四是合同手写部分字迹潦草，任意乱画不整洁甚至看不清楚。五是合同中未能说明双方能够达成协议变更、合同解除的基本条件，以及对于合同生效期内出现纠纷中的处理方法。

双方签订的土地流转合同未向相关的土地管理部门进行登记

土地流转合同期限超年限：流转合同有效期限严格界定最长不能超过 2025 年 12 月 31 日，而部分合同期不仅超越了 2025 年二轮土地承包期界限，甚至签到 2039 年。

5. 签订合同时应注意事项

（1）在流转合同中要填写出让方、受让方的姓名、详细住址和联系电话，受让方如果是单位，要注明单位法人姓名，当事人是农户的，一般情况下户主的姓名可代表全家；同时，还要填写流转土地的名称（地块名称）、等级、四至坐落（东南西北相邻的地块名称）和面积（长宽的长度和面积的亩数）。

（2）签订土地流转合同要写清土地承包经营权流转的期限和签订日期。我国《农村土地承包法》规定，二轮土地承包的期限为 30 年，即 1996 年 1 月 1 日至 2025 年 12 月 31 日，因此，签订合同时，流转的年限和起止时间要明确，填写时间应从合同签订之日到 2025 年 12 月 31 日计算，合同有效期限最长不能超过 2025 年 12 月 31 日。土地流转合同自签订之日起生效，如 2015 年 6 月 12 日签订合同，则合同自 2015 年 6 月 12 日起生效，因此，合同上要写清签订日期。

（3）流转费及支付方式。流转双方协商流转价格，计算年总流转费，并确定流转费于每年几月几日支付，以及是以现金、实物或其他方式支付。

（4）规定双方能够达成协议变更、合同解除的基本条件，以及对于合同生效期内出现纠纷中的处理方法。

6. 农村土地承包经营权流转合同签订注意事项及解决措施

（1）农户要与流入方签订书面流转合同，如果当地有土地流转服务中心或类似机构，建议在服务中心工作人员的指导下签订规范的土地流转合同，并做好流转价格评估、业主资质审查、土地集中连片协调、合同登记备案以及合同执行情况督查等相关工作。

（2）流转土地的用途：农户承包的耕地只能用于农业生产经营，不能用作建筑、商业等其他用途。

（3）违约责任：流转双方在合同履行期间不按合同约定或合同签订违反农村土地流转的有关法律、法规、政策，由此发生争议或纠纷的应按合同的具体条款调解、协商、仲裁或向法院起诉。流转合同违约责任具体条款签订时，流转双方要考虑详尽、内容完善，避免不必要的争议发生。

（4）土地流转双方的主体范围一般限定于本集体经济组织内部：在同等条件下，本集体经济组织成员享有土地流转优先权。采取转包及互换方式的流转必须在同一集体经济组织的农户之间进行，不得向本集体经济组织以外的农户进行流转。以转让方式流转承包地的，既可以在同一集体经济组织内部进行，也可以向集体经济组织以外的农户、单位和个人流转。采取转让方式流转的，应当经发包方同意；采取转包、出租、互换或者其他方式流转的，应当依法报发包方备案。

（5）土地流转合同到期后流入方可在同等条件下优先续约。土地流转合同到期后及时续签，对未续签的及时征求农户意见，或办理续签手续，或退还农户土地。对期限过长、补偿过低的土地流转合同进行检查，依据情势变化及时纠正，以维护农民的土地权益。以村、组为单位统一签订的表式流转合同予以纠正，未纠正的，必须按规范文本及时纠正。土地流转合同应该是农户与流转入土地的一方直接签订，否则予以纠正。

（6）农户自愿委托发包方流转其承包土地的，应当出具土地流转委托书，委托书应当载明委托的事项、权限和期限等，并有委托人的签名或盖章。没有农户的书面委托，农村基层组织无

权以任何方式决定流转农户的承包地，更不能以少数服从多数的名义，将整村整组农户承包地集中对外招商经营。

(7) 当事人可约定的其他内容，计入双方约定条款中。主要是针对合同条款中约定不详尽的、涉及具体利益必须注明的事项，如灌溉水费由流转的哪一方具体交纳等。这些事项应由流转双方协商而定，并对合同内容进行补充。有些地方就根据本地情况完善合同条款，如增加受让方预付保障金、提前支付一年土地流转租金等条款。

三、农村土地承包合同书（范本）

甲方：________________　　（以下简称甲方）

乙方：________________　　（以下简称乙方）

根据《合同法》及《土地管理法》《农村土地承包法》的有关规定，本着公开、公平、诚信、平等、自愿的原则。乙方通过__土地承包__方式取得甲方__农村耕地____亩__的承包经营权，经双方共同商定，以兹共同遵守，达成如下协议，特立此合同。

一、甲方将位于____________村民委员会（组）所有的，以北、以南、以东、以西毗邻的__农村耕地____亩__发包给乙方使用。

土地方位为：东起　　　　，西至　　　　，南至　　　　，北至　　　　。

二、乙方承包后，承包使用期二十年不变，即从××年××月××日起至××年××月××日终止。

三、乙方所承包的____亩土地使用权及其地上附着物总承包款为人民币（大写）________元整、（小写）________元整，付款方式为：________。第一年在合同签订15日内一次性交付，以后的每年在合同签订日后15日内将下一年的租赁费交付给甲方。

四、乙方承包土地后应积极发展，在耕地上种植林木、果树、花卉、种草、养殖或搞多种经营；经有关部门批准可以从事非农业生产，利用承包范围内的黏土、沙石等建造固定设施。

五、乙方对所承包的土地有独立的经营管理权，但不得转包。

六、甲方要尊重乙方所承包土地的生产经营自主权，保护其合法权益不受侵犯，对所承包土地成果全部归乙方所有。

七、乙方在所承包的土地在合同履行期内除乙方交纳承包款外，乙方不负责其他任何名目的费用。

八、乙方将土地承包后，甲方有权监督、检查、督促其合理利用，发现问题及时书面通知乙方。

九、甲方保证该承包土地界线、四至与他人无任何争议。如因此发生纠纷，由甲方负责协调处理，如由此给乙方造成经济损失，由甲方负责全额赔偿。

十、甲乙双方必须信守合同。如甲方违约导致解除此合同，须付给乙方违约金人民币________元整、退还乙方承包土地所付的全部价款，同时对乙方的投入和成果合理作价，作价款一次性付给乙方；如乙方违约导致解除此合同，甲方不予退还乙方的承包款。

十一、如在承包期限内遇国家建设或进行其他开发建设需征用土地时，应首先从征地款中保障向乙方支付实际经济损失和未履行年限的预期利益损失。

十二、如甲方重复发包该地块或擅自断水、断电、断路，致使乙方无法经营时，乙方有权解除本合同，其违约责任由甲方全权承担。

十三、本合同履约期内，如出现不可抗力因素导致本合同难以履行时，本合同可以变更或者解除，双方互不承担责任。

十四、在合同履约期内，任何一方法人代表或负责人的变

更，都不得因此改变或解除本合同，本合同继续履行。

十五、合同期满后，如乙方愿意继续承包经营，双方续签合同；如乙方不再承包经营，甲方对乙方的成果、经济投入合理作价归甲方，作价款一次性付给乙方，不得拖欠。否则，此合同期限顺延至甲方将全部价款付清乙方后合同自行终止。

十六、甲乙双方如因作价款发生分歧，协商不成，须委托甲乙双方共同认可的中介机构进行评估作价，其结果对双方均有约束力。

十七、此合同发生纠纷由当地法院裁决。

十八、本合同经甲乙双方签章后生效。

十九、本合同如有未尽事宜，可由甲乙双方共同协商签订补充协议，补充协议作为本合同的附件，具有同等法律效益。

二十、本合同一式四份，甲乙双方各一份、镇政府和土地承包管理机构各一份。

甲方（盖章）：　　　　　　　乙方（盖章）：

代表人（签字）：　　　　　　代表人（签字）：

合同签订日期：××年××月××日

四、农村土地承包与流转纠纷的处理

（一）农村土地流转纠纷的起因

1. 土地流转权不清

土地流转过程中农户间的纠纷可以归结为承包权不清引起的经济纠纷。随着国家对农业税的取缔，对农业补贴的实施以及农产品价格的回升，使农业收益有了显著提高，从而加大了农民外出务工的机会成本。在经济利益的驱动下，作为“理性经济人”的农户纷纷返乡务农。而返乡农户原有土地现在的经营者也因收益的增加而不愿放弃土地的经营权。由于对同一块土地的承包权不清，从而引发了农户间的纠纷。

2. 农民缺乏维权意识和法律知识

我国《土地承包法》中规定了土地流转的程序，但在生活实践中，大多数农民不熟悉土地流转的方式、程序，大多采用口头协议形式，缺乏必要的书面形式，导致在实践中土地流转行为不够规范，得不到法律的维护。因此，也就容易产生纠纷，而一旦发生纠纷，无书面凭证就难以了解双方当事人土地流转时的真实情况。由于农民法律意识的淡薄、对法律的不重视、感性化的思维方式从而使自己的利益无法受到法律的保护。

3. 行政干预、权力滥用，侵蚀农民利益

很多农村土地纠纷产生是因为村级组织和政府职能部门的权力滥用，损害农民利益。就村级组织而言，村干部在土地流转征地补偿等诸多环节发挥着十分重要的作用，也有很大的权力，一旦权力运用不当或违规操作，就会引发纠纷。具体情况包括：①违法收回农户承包地，如强行收回外出务工农民的承包地，违法收回落户小城镇农民的承包地；②强迫土地承包方流转土地承包经营权，如强制收回农民承包地搞土地流转，乡镇政府或村级组织出面租赁农户的承包地再进行转租或发包；③违法发包农村土地，如没有经过本村集体经济组织成员的村民会议 2/3 以上成员或者 2/3 以上村民代表的同意，将农村土地发包给本集体经济组织以外的单位或者个人，将预留机动地长期用于对外发包，侵吞土地发包收入等；④侵占承包方的土地收益，如随意提高承包费，截留扣缴承包方土地流转收益，截留挪用征地补偿费用等。这些现象让农民难以容忍，从而引发纠纷。

4. 管理机制不健全

土地流转中，乡镇、村等基层组织与农民接触最多，本该充分行使其管理职能，但就目前农村情况来看，村委会工作人员多是身兼多职工作繁重，使得他们对土地流转工作不够上心，没有工作的热情与责任感；而且一些村干部因自身素质、学历的限

制，也不具有现代管理意识，不能够及时了解最新的信息，导致这方面的管理措施不到位；另外，村委会成员中老干部的思想比较落后且过于固执，老是拿自己过去的经验进行相关工作的指导，这些指导实际上是不符合当前的土地流转规定的，缺乏科学性；一些村委会干部在土地流转过程中，不能按照民主议定原则，多以个人好恶、亲疏远近进行土地流转，引起农民的不满。到最后，一些矛盾因村干部在位农民怕遭打击报复不敢揭露而未显现出来，一旦村委会换届，深层次矛盾即显现出来。

（二）农村土地流转中存在的纠纷

土地使用权流转的核心是“三权”分离、自主自愿、市场契约和政府监管，“三权”分离是土地流转制度核心中的核心。所谓“三权”分离是指土地所有权、土地承包权和土地经营权的相互独立。只有在严格保证土地所有权和承包权关系稳定的前提下，才能真正把土地资源转化为土地资本，促进土地要素的流动，从而取得土地经营的规模效应和集约效应。而衡量土地流转制度科学与否的标志是“三个有利于”，即是否有利于提高农村生产力；是否有利于增加农民收入；是否有利于实现农户、政府和土地经营者的三赢。依法、自愿是土地承包经营权流转必须坚持的原则，但在现实中，由于一些地方受利益驱使而使导致土地流转操作不规范，违背了土地流转应该遵循的原则，导致了纠纷的产生。

1. 土地流转过程中农户与村委会间的纠纷

农户与村委会之间的纠纷在农村土地流转过程中是最常见的。

主要存在3种类型：

一是因流转内容不合法引发的纠纷。我国《土地管理法》《农村土地承包法》《基本农田保护条例》明确规定，土地承包经营权流转的前提是不能改变土地的农业用途。但是从农村土地流转合同签订的实际来看，改变土地的农业用途，变为建设用地的情况不在少数。另外，我国法律还规定，土地承包经营权转让需经发包人同意。但有的村民在未经许可的情况下私自将土地承包经营权转让他人，村委会不同意这样做并要求与之解除合同，由此引发了土地纠纷。

二是村委会随意调整土地产生的纠纷。我国《农村土地承包法》明确规定要着力维护农民土地承包经营权的稳定。但是，在我国部分农村地区，村委会随意调整土地现象比较严重，这加剧了农户与村委会之间的矛盾。一些村干部为了完成上级政府下达的任务和保证村干部工资的及时兑现，在未经全体村民同意的情况下，就强行将村里的耕地转包给外乡的农民或者外地经商人经营，完全忽视了农民的利益，引起村民的极大不满，导致了纠纷的产生。

三是村委会对土地承包合同疏于管理引起的纠纷。主要表现为：村委会将属于本村的流动地对外发包给村集体以外的个人或组织，当土地期限已经到了的时候，农民要求收回土地，但是村委会却找借口不予收回，实际内幕就是村委会与承包商私下对土地承包期限进行了更改；村里承包给本村村民的土地承包合同期限较长，随着村委会换届，新一届村委会班子以各种理由要求解除现有承包合同，重新发包，借口以前签订的合同存在着不同程度的法律问题；部分村委会将农民的土地流转给他人从事非农业后未恢复土地原状，农民要求恢复原状继续耕种土地或要求增加补偿费，由此引发的纠纷。

2. 农地非农化过程中政府与农户间的纠纷

我国《土地管理法》规定，国家可以公共经济为目的征用农业用地，但并未对公共经济的内涵做出明确规定。加之国家征用土地带有很大的强制性，对农民的经济补偿又低，因此激起了农民的不满情绪，扩大了土地流转过程中政府与农户间的矛盾。

而且，近年来由于《农村土地承包法》的颁布和国家土地政策的实行，土地不断增值，以前征用农民土地所给予的补偿费用与现今的土地价值相比明显偏低，农民要求增加土地补偿费，由此也导致在农民与政府间产生矛盾。

3. 土地流转过程中农户与农户间的纠纷

农户与农户之间的纠纷主要有以下几种：①因为土地流转形式不规范、违反土地流转合同而引起的纠纷。我国《土地承包法》规定，土地流转双方当事人应签订书面合同（代耕不超过1年的除外）。但是在实践中，大多数土地的流转都只是以口头协议的方式进行。土地生产经营效益是一个长期的过程，有些流转方因急于逐利，短期内不见效益或对经营中出现的问题缺乏预见性，经营状况恶化后，不按照约定支付承包款，违反合同的规定而引起纠纷。②土地增值而引发的纠纷。在过去的一段时间里，农民种田的经济效益低，农业税费较重，加上农村生产生活条件差，大量农村劳动力选择外出务工，农村普遍存在土地抛荒现象。部分地方村集体为了保证承包地负担的税费得到落实，在承包户完全不知情的情况下将外出务工农户抛荒的土地转包给他人耕种，并由转包人承担税费，但是没有对承包期限做出明确的规定。近年来，随着中央一号文件、《农村土地承包法》等一系列关于农村土地政策的出台，对农村发展的高度重视，给予农业大力的财政支持与补贴，使得农业生产效益有了显著提高，这样外出务工农户纷纷返乡，要求退还耕地，而现在的承包户也因收益的提高不愿意退还，如此利益的争夺引发了两者间的矛盾。

（三）土地纠纷的解决对策

土地作为一种稀缺性的经济资源，土地资源的配置也应存在帕累托最优。农村土地流转就是为了实现这种帕累托最优，通过土地在不同使用者之间的流转，使稀缺性的土地资源得到高效率的利用。土地制度的完善与创新是新农村建设的一个主题，也是解决“三农”问题的一个关键环节。在深化市场经济、城市化和工业化循序渐进的过程中土地承载着很多的内容，围绕土地引发的纠纷和冲突屡见不鲜。因此，我们应该重视对土地纠纷问题的解决，积极探索并采取一系列措施。

1. 明晰产权，协调利益关系

农村土地流转实质上是对农村土地经营使用权这一特殊物品的有价转让，因此，明晰的产权关系和产权各项权能主体权利义务范围的明确界定是实现农村土地流转的必要前提。明晰产权利益关系，可以从两方面进行：①村集体应认真做好土地承包证书的补发、换发工作，规范填写农村土地承包经营权证书，将农户基本农田的地块、数量反映在证书上，以明确土地的产权关系；②在明晰产权的基础上，农户之间应该通过协调来行使土地的经营权。如果土地的承包权仍划归以前的农户，则现在的经营者可给予承包人一定的经济补偿，作为租赁其土地的费用，以缩小承包农户在家务农与外出务工的差额。

2. 完善对被征地农民的补偿安置制度，健全最低生活保障体系

完善农地非农化过程中对被征地农民的补偿安置制度，制定合理可行的农地补偿标准。

根据“土地换社保”的思想，建立由国家、集体和个人共同承担的社会保障体系，三者的出资比重应视被征土地的数量而定，保障金可以从土地安置费、集体土地有偿使用收入以及政府土地招标、拍卖、租赁等收益中按一定的比例提取，建立失地农民的养老保险与最低生活保障制度，让农民能够安心把土地流转出去，妥善安排好他们的后顾之忧。

3. 完善土地流转的相关法律，规范土地流转程序

国家应出台与土地承包经营权流转相关的法规，把土地流转以法律的形式固定下来，做到有法可依、有法必依、违法必究，

促进土地依法、有序流转。对土地流转过程中存在的违规操作违法行为应坚决取缔，建立科学规范的操作程序以实现土地的顺利流转，保障农民的权益。土地流转的合法程序：①信息发布，即承包经营权出让者或受让人发出一定信息，表示愿意出让或受让经营权；②受让人向土地主管部门提出流转申请；③土地主管部门对流转申请进行审查；④受让人经主管部门同意。

4. 加强对失地农民的就业培训，增强其再就业能力

失地农民的再就业工作，是社会再就业工程的重要组成部分。实施失地农民再就业工程，关系到农民的发展和农村以及整个社会的稳定。

应该从以下几方面对失地农民的就业工作进行安排：①加强对失地农民的素质技能培训。根据市场需求和农民自身的素质特征有针对性地开展就业培训。首先以市场用人需求为导向，根据失地农民的年龄、性别、技术专长等特征进行就业技能培训，使农民从事非农业工作，为其他行业的发展作贡献。其次是可以组织对农民进行农业种植技术、养殖技术的培训，并给予技术指导与资金支持，从而减少失业农民的数量，减少农村矛盾的产生，同时还可以促进农村经济的发展、生产力的提高。②进行适当的就业安置。当地政府机关、企事业等单位的后勤部门，对员工的技术要求并不高，可以根据需要与当地失地农民工通过签订劳动合同达成用人关系，吸纳一定数量的失业农民就业。这需要当地政府以及相关企业的大力支持，最主要的是政府的引导。③鼓励失地农民进行自主创业。通过技术指导、税收优惠、政策扶持等手段对失地民创业给予大力支持，最重要的是要在思想上积极引导，不断创新，给予大幅度的财政资金支持。

5. 稳定承包关系

稳定承包关系就是指政府要严格贯彻土地承包 30 年不变的政策。农民获得长期稳定的土地承包权是土地流转的基础，坚持

土地承包30年不变的政策是农业土地流转的必要条件。只有在土地承包关系稳定的前提下，农地流转才能获得更大的空间。同时，一定要加大对该政策的落实情况，并对其进行动态监控，以保证该政策落实到位。

农村、农业、农民问题是当前社会的热点问题，农村土地问题又是农村、农业、农民问题中的核心问题。农村土地纠纷问题，已渐渐成为社会各界关注的焦点，它能否得到合理化解在很大程度上影响着社会的稳定程度。因此需要在政府与农民等多方面的配合下健全完善农村土地纠纷解决机制，来促进农村社会的安稳与和谐。

总之，政府应该积极采取一系列维护人民利益为核心的政策措施。土地的合理利用尤其是耕地的合理利用，不仅关系到当代人的生活，更关系到子孙后代的生活，要用发展的眼光来看待土地流转问题，为农业的发展、农村的和谐、农民的富裕，同时也为社会主义和谐社会的构建贡献力量。

参考文献

国土资源部印发〈关于加强农村宅基地管理的意见〉的通知. 2004.

国务院办公厅关于严格执行有关农村集体建设用地法律和政策的通知. 2007.

河南省农村宅基地用地管理办法. 2011. 河南省人民政府第136号令.

农村土地承包经营权流转管理办法. 2005. 北京：中国法律出版社.

中华人民共和国农村土地承包法. 2019. 北京：中国法律出版社.

中华人民共和国土地管理法. 2004. 北京：中国法律出版社.

邓军. 2010. 地籍调查与测量. 重庆：重庆大学出版社.

丁鸿. 2001. 农村政策与法规. 北京：中国农业出版社.

黄健雄. 2010. 农村宅基地法律政策解答. 北京：法律出版社.

冷桂花. 2010. 农村土地政策200问. 北京：金盾出版社.

李铃. 1999. 土地经济学. 北京：中国大地出版社.

李陵. 2008. 建设用地管理. 北京：化学工业出版社.

李新举，程琳琳. 2012. 土地管理学. 北京：现代教育出版社.

马耘秀. 2010. 农村宅基地管理. 北京：中国社会出版社.

宋子柱. 1999. 土地资源学. 北京：中国大地出版社.

王万茂. 2017. 土地利用规划学. 北京：科学出版社.
吴康庄，李振，谢雪萍. 2017 农业支持保护政策. 北京：中国农业科学技术出版社.
许月明. 2009. 农村土地管理政策与实务. 北京：金盾出版社.
严星，林增杰. 1990. 地籍管理. 北京：中国人民大学出版社.